우주·역설의 여행
패러독스의 세계

다무라 사부로 지음
임승원 옮김

전파과학사

머리말

　패러독스라는 말은 우리말로는 역리(逆理)라든가 역설 등이라 번역되어 있다. 원래 패러독스는 그리스어에서 유래한 말로서 통설(독사, doxa)에 반하는(파라, para) 것을 의미하고 있다 한다. 『이와나미 수학 사전』 속의 '역리'의 항을 찾아보면 다음과 같이 적혀 있다.
　'일반의 판단에 반하는 결과를 유도하는 논설이 있고 그 설에 반론할 정당한 근거를 찾아내기 어려울 때 그 설을 역리(또는 역설)라 한다. 특히 어떤 명제와 그 부정명제가 함께 논리상 동등하다고 생각되는 논거를 갖고 주장되고 그에 이르는 추론 속에서 잘못을 명확히 지적할 수 없을 때 이것을 이율배반(二律背反, antinomy)이라 한다. 그러나 이율배반과 역리는 엄밀히 구별하여 사용되는 말은 아니고 동의어로서도 사용된다'
　통설을 타파하고 신설(新說)을 수립하려고 할 때 이러한 역설적 사고가 유효해진다. 따라서 『역설 사고의 권유』 등의 책이 출판되는 것도 일리가 있다고 할 수 있을 것이다. 원래 사람의 마음을 강하게 사로잡아 끌어당기려고 하는 경우 통속적 속설을 단순히 언급하면 오른쪽 귀로 듣고 왼쪽 귀로 흘려 버린다. '어?'라는 느낌을 받아 스스로 느끼고 있던 것과 다른 일면의 진리를 가르침 받았을 때 비로소 사람은 듣는 귀를 갖는다고도 할 수 있을 것이다. 즉 문학의 하나의 기능 안에 이러한 역설이 있다 해도 지나친 말은 아닐 것이다. 거듭 웃음의 요소 중에도 진리를 거꾸로 세움으로써 생기는 재미 등이 포함되어 있다.

학문 특히 수학의 역사를 읽어 보아도 당시의 상식에 반하는 역설의 발견과 그 역설을 배제하려고 하는 노력에 의해서 수학은 발전되어 온 것이라고 말할 수 있는 경우가 매우 많다. 또한 교육적으로 보아도 이러한 역설을 다루는 것은 매우 의의(意義)가 있다고 생각된다. 즉 역설적 문제를 사고(思考)시키는 것은 우선 첫째로 문제 의식을 갖게 하는 것이 되고 이어서 자기의 힘으로 그 잘못을 발견하도록 할 수 있으면 참된 이해를 얻게 하는 것으로도 되기 때문이다.

역설이 통설에 대립하는 것인 이상, 거기에는 '정말'과 '거짓말'과의 대립이 본질적으로 포함되어 있다. 따라서 '정말'과 '거짓말'과의 대립으로서 역설을 분류하려고 하면 다음의 세 가지 경우로 나눌 수 있을 것이다.

(1) 정말과 같은 거짓말인 것
(2) 거짓말과 같은 정말인 것
(3) 정말이라고도 거짓말이라고도 할 수 없는 것

이 (1)에는 거짓말을 정말로서 교묘하게 설득하려는 궤변이나 수학 속에서 나오는 '가짜 증명' 등이 포함되어 있다.

다음의 (2)는 '역설적 진리'를 의미하고 있다. 지금의 통설로는 거짓말처럼 생각되지만 깊이 생각해 보면 거기에서 진리가 발견되는 경우 등이다. 또 제3부에서 언급하는 칸토어의 무한집합에 대한 여러 결과 등도 이 안에 포함시켜 생각할 수 있다.

마지막의 (3)은 '정말이라고 생각해도 거짓말이라고 생각해도 모순이 생기는' 경우로서 좁은 의미에서의 역리 또는 이율배반을 의미하고 있다. 실은 이러한 패러독스가 현대수학 속에 생긴 극히 해결이 어려운 패러독스이다.

이 책에서는 주로 (1)을 다루고 있다. 즉 미다(三田) 씨의 수기 (제1부의 제1장에서 제6장까지)에서는 수학 교육에 있어서의 패러독스의 활용을 주된 테마로 하고 있다. (2)와 (3)에 대해서는 내용도 어려워지기 때문에 제3부 안에서 약간 간단히 취급해 두었다. 제2부에서는 (1)이나 (2)의 내용이 웃음이나 문학의 요소로서 채택되어 있다. 거듭 거기서는 넓은 의미에서의 '거짓말'도 다루고 있다.

차례

머리말 *3*

제1부 우주·역설의 여행 ——————————— *9*
   제1장 4차원 장치로 퀴리그 별로의 타임 슬립 *13*
   제2장 이미 아는 패러독스 *33*
   제3장 스스로 터득하는 패러독스 *73*
   제4장 학교에서 배우는 패러독스 *107*
   제5장 목숨을 건 패러독스 *147*
   제6장 귀국 후의 일 *169*

제2부 웃지 말 것—웃음과 패러독스 ——————— *173*

제3부 읽지 말 것—수학과 패러독스 ——————— *229*

후기 *253*

제 1 부

우주·역설의 여행

미다 타로의 불가사의한 수기

나는 고단샤로부터 다음과 같은 편지가 딸린 두툼한 우편물을 받았다.

"바쁘신데 선생께서는 언제나 신세를 지고 있습니다. 그런데 이번에도 귀찮은 부탁을 드리게 된 것을 용서하십시오. 실은 시즈오카 현에 있는 복지 시설 우애원(友愛園)의 원장님을 통해서 참으로 불가사의한 수기가 입수되었습니다. 수기를 쓴 사람은 '미다 타로(三田太郎)'라는 사람인 것 같으나 본인도 수기 속에 적고 있는 것처럼 호적이나 그 밖에 '미다 타로'라는 사람이 있었다는 흔적은 아무것도 남아 있지 않다고 합니다.

우애원 원장님의 이야기에 따르면 1981년 1월 21일 아침, 우애원의 응접실 테이블 위에 이 수기가 놓여 있었다고 합니다. 더구나 이 수기 속에 적혀 있는 바에 따르면 그 전날 원장을 방문하여 이 편지를 건네기로 한다고 적혀 있지만 원장은 그 전날 이 미다 타로 씨를 만나지 않았다고 합니다. 게다가 전날 저녁 6시경 응접실의 커튼을 닫은 사무원의 이야기에 따르면 테이블 위에는 이 수기가 없었다고 합니다. 그 후부터 다음날 아침까지 그 응접실에 들어간 사람이 없다는 것도 확인되고 있습니다.

더욱이 불가사의한 것은 미다 타로 씨는 유년 시절부터 고교생까지 이 시설에 있었다고 적혀 있다고 하지만 우애원을 1950년에 개원한 이래 '미다 타로'라는 인물이 재적하고 있던 사실은 없다는 것입니다. 그러나 수기 속에 그의 애인이라고 적혀 있는 야마베 치에코(山辺千枝子) 씨에 대해서는 수기 속에 적혀 있는 대로 이 시설에 재적하고 있었고 1973년에 불행한 사고로 죽었다는 것도 확실하다고 합니다. 따라서 이 수기가 전적으로 엉터

리만은 아니라고 할 수 있다고 생각됩니다.

　이 수기는 그 장본인 미다 타로 씨가 은하계 내에 있는 별, 퀴리그 성에 끌려 가서 그 곳 장관의 자녀들에게 수학을 가르쳐 주었다는 내용을 적고 있습니다. 선생의 보충·주석을 붙인 다음에 출판해 보고자 생각합니다. 배려 있으시기를 부탁드립니다."

　즉시 읽어 보았더니 패러독스에 관한 것을 중점적으로 다루고 있기 때문에 소재적으로도 흥미를 끄는 것이 많고 내용적으로 잘못은 아무것도 없다. 미다 타로 씨는 이공계 출신인 것 같지만 수학에 대해서도 상당한 소양을 갖고 있다는 것을 알아차릴 수 있었다. 거듭 교육, 특히 수학 교육에 대한 견해에 대해서는 제법 귀를 기울여 들을만한 가치가 있다. 따라서 이 책을 출판할 가치는 충분히 있는 것으로 생각된다.

　그러나 한 권의 책으로서 출판하는 데에는 약간 분량이 적기 때문에 전부터 내가 모으고 있었던 자료를 바탕으로 하여 제2부로서 '웃지 말 것-웃음과 패러독스'를 부가시키기로 하였다. 거듭 약간 딱딱한 이야기가 되지만 '읽지 말 것-수학과 패러독스'도 부가하여 괴델의 불완전성 정리의 해설도 하기로 하였다.

　이 책을 출판함에 즈음하여 미다 타로 씨의 이력·학력 등을 철저하게 조사하였지만 그 단서가 될만한 것은 아무것도 잡지 못했다. 미다 타로 씨를 본 사람이 한 사람 정도는 있을 것이라고 생각되는데도 이상하게도 누구 한 사람 그를 본 사람을 발견할 수 없었다.

　또한 수기의 각 장의 말미에 붙인 〈주〉는 편자(編者)인 내가 노파심으로 붙인 것으로 미다 씨 자신의 수기 속에는 없었던 것임을 부기해 둔다.

제1장
4차원 장치로 퀴리그 별로의 타임 슬립

무언가 수런거리는 소리에 잠에서 깨어나 주위를 둘러보았더니 낯선 곳에서 자고 있다. 철창 속에 갇혀 있는 것이 아닌가. 철창 밖에는 머리가 이상하게 큰 인간인 듯한 동물 둘이 작은 목소리로 지껄이고 있다. 잠에서 깨어나게 한 소리는 이 두 사람의 목소리였다. 귀를 기울여 들어 보아도 무엇을 지껄이고 있는지 알 수 없다. 지금까지 들은 일이 있는 어느 나라의 말과도 다르다. 나는 참으로 괴상한 인물, 마치 달걀에 손, 발을 붙인 것 같은 햄프티 댐프티[1]와도 닮은 인물들을 실눈을 뜨고 꼼짝 않고 바라보고 있었다. 갑자기 놀란 듯한 거동을 하고 두 사람은 방에서 나가 버렸다. 내가 잠에서 깨어난 것을 알아차린 것 같다.

다시 조용해졌다. 확실히 어제는 치에 양의 장례식에 참석하고 돌아오는 길이었다. 밤 10시가 지나고 있었을까. 자동차를 몰고 귀가하는 도중 ××언덕길의 커브를 돌려고 하였을 때 이상한 섬광(閃光)을 보았다고 생각한 순간 의식을 잃었던 것 같고 그 이후의 일은 아무것도 기억하고 있지 않다. 아마 그 순간 반사적으로 브레이크를 밟았을 것이나 가령 브레이크를 밟고 있었다 해도 그 때의 자동차의 속도로 보아 벼랑 아래로 굴러 떨어진 것이 틀림없을 것이다. 그런데 상처 하나 없이 여기에 이렇게 누워 있다는 것은 아무리 생각해도 불가사의하다. 인간의 힘으로는 생각할 수 없는 무언가에 의해서 구조된 것일까. 또는……..

치에 양의 가엾은 죽음이 생각나 다시 나의 볼에 눈물이 흘렀다. 어렸을 적에 양친과 사별하고 천애고아로 자라온 나로서는 치에 양만이 살기 위한 등불이고 희망의 별이기도 하였다. 그 치에 양이 세상을 떠난 지금 내가 사는 희망은 사라져 버렸다. 그래서 어젯밤 ××언덕길에서 사고로 죽었다 해도 누구 한 사람

제1장 4차원 장치로 퀴리그 별로의 타임 슬립 15

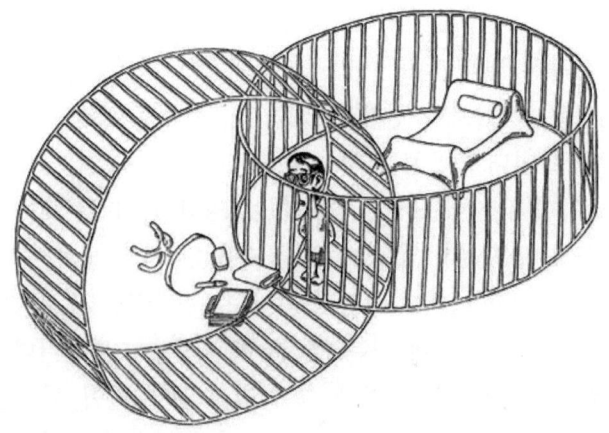

슬퍼해 줄 사람은 없다. 아니, 오히려 사고로 죽는 편이 치에 양의 뒤를 따를 수 있어 행복한 것일까. 그러나 나는 지금 여기에 이렇게 살아 있다. 이것이 사후(死後)의 세계인 것일까. 그렇더라도 여기는 불가사의한 세계처럼 생각된다. 조금 전의 햄프티 댐프티와 닮은 인간들은 누구일까. 보기에는 사납게 생긴 동물처럼 보이지는 않았다. 아니, 도깨비인 Q 타로[2]와 같이 사랑스러움마저 느낄 수 있었다.

나는 침대에서 일어나서 철창을 흔들어 보았지만 꼼짝도 않는다. 이 무정한 철창만 없으면 어딘가의 큰 병원의 병실처럼 보이기도 한다. 철창의 밖에는 테이블이 놓여 있고 그 위에는 나의 소지품이 배열되어 있었다. 주머니 속에 들어 있던 수첩이나 만년필, 손수건 등과 그 밖에 자동차 속에 있었을 가방과 그 내용물까지도 배열되어 있는 것이 아닌가. 신사복 상하와 와이셔츠 등은 벽에 걸려 있다. 그렇게 말하면 나는 속옷만 입고 자고 있는 것이다. 어떻게 할 작정으로 나를 이러한 곳에 데리고 온 것일까.
 문이 조용히 열리고 또 머리가 큰 인물이 들어왔다. 이번에는 조금 전의 두 사람보다 덩치가 크고 어른스럽게 보인다. 나는 속옷 바람으로 침대 밖으로 나와 있었으므로 순간 움찔하였으나 침대 속으로 다시 기어들어갈 수도 없어 멍하니 서 있었다. 이 인물은 조금도 당황하지 않고 손에 들고 있던 사발 모양의 그릇을 테이블 위에 놓고 나의 신사복과 와이셔츠를 벽걸이에서 벗겨 나에게 건네 주었다. 그때 나는 엉겁결에 "정말 고맙습니다."라고 일본어로 말해 버렸다. 그만큼 그 머리가 큰 사람이 해 준 동작은 자연스러웠던 것이다. 이 아무것도 아닌 행위에 의해서 그 사나이에 대한 경계심은 사라져 버렸다. 나중에 알게 된 일이지만 이 사나이는 구츠야지라는 하사관으로 나를 시중드는 담당을 맡으라는 지시를 받고 있다고 한다. 구츠야지 씨라고는 부르기 힘들기 때문에 나는 야지 씨라는 별명을 붙였다.
 내가 양복을 입고 나니까 조금전 테이블 위에 놓았던 뚜껑이 있는 사발을 나에게 건네 주었다. 무엇일까라는 얼굴을 하고 야지 씨의 얼굴을 보았더니 양손으로 받드는 것 같은 모습을 하고 마시는 시늉을 한다. 뚜껑을 열어 보니 진한 스프가 들어 있다. 마시라고 하는 것이구나라는 것은 알았지만 독살할 작정이 아닌지라는 불안이 마음 속을 스쳐 아무래도 마실 기분이 나지 않는다. 어째서 나를 여기에 데리고 온 것일까. 그 목적이 무엇인지 알 수 없는 이상 이 상대방에게 마음을 허락할 기분이 나지 않는다. 또한 이 머리가 큰 괴상한 인물들은 도대체 누구인가. 또 여기는 어디인가. 나는 상대방을 주시하면서 "여기가 어디인가?"라고 일본어로 묻고 말았다. 긴장된 나의 얼굴과 힐책하는 듯한

제1장 4차원 장치로 쿼리그 별로의 타임 슬립 17

나의 목소리를 듣고 야지 씨는 슬픈 듯한 얼굴을 했다. 그리고 다시 한번 마시라는 시늉을 해보였다. 그러나 나는 그것을 침대 옆에 놓고 "왜 붙잡아 왔는가?"라고 물은 것이다. 야지 씨는 이 이상 여기에 있어도 무의미하다고 생각하였는지 방에서 나가 버렸다.

다시 이 넓은 방에 혼자 남겨졌다. 소리는 어디서도 들리지 않는다. 허전함이 방 전체에 스며드는 것처럼 생각되었다. 깊고 깊은 고독감이었다. 양복을 입은 채로 침대에 누워 눈을 감았다. 다시 치에 양의 일이 생각났다. 1개월 후에는 결혼식을 올리자는 약속까지 하고 있었는데 얼마나 비정한 일인가. 우리들은 어렸을 적부터 같은 복지 시설 우애원에서 자랐다. 나는 우애원에 있던 무렵 연하의 여자 같은 것은 그다지 마음에 두지 않았다. 오히려 자기 일만을 중심으로 생각하고 있었다. 내가 치에 양을 의식하기 시작한 것은 우애원을 나와서 대학에 진학해서부터이다. 방학 때마다 우애원을 방문할 무렵에는 객관적으로 우애원의 상태를 바라볼 수 있게 되었고 고교생이 되어서 갑자기 아가씨답게 된 치에 양에 대해서 놀라움에 눈이 휘둥그래졌기 때문이다.
 이 시설에는 나나 치에 양처럼 연고자가 전혀 없기 때문에 떠맡겨진 사람과 부모는 있지만 복잡한 가정 사정 때문에 맡겨진 사람이 있었다. 부모나 친척이 찾아와서 주는 선물을 받고 기뻐하는 다른 아이들을 보고 누구 한 사람 의지할 곳 없는 나는 언제나 쓸쓸하였다. 그런 만큼 의지할 수 있는 것은 자신뿐이라는 고집스러울 정도의 자립심이 생긴 것으로 생각된다. 치에 양도 마찬가지 상태였는데도 여자의 상냥함 때문인지 불우한 어린이들에 대한 동정심이 있었다. 이에 반해서 복지 시설에 있었던 시절의 나는 전체를 이끌어 가지 않으면 안되는 입장에 있었는데도 대학 입시가 있다는 이유로 그러한 일을 의식적으로 피하고 있었다. 그러나 치에 양은 끊임없이 전체에 대한 일을 생각해서 행동을 하였고 그러한 모습을 볼 때마다 머리가 수그러졌다. 자기의 공부도 있었을텐데 하급생의 숙제를 돌보아 주었고 싸움의 중재도 양쪽의 해명을 잘 들어 공평하게 하였다. 이렇게 눈을 감고 있으면 어린아이의 눈물을 닦아주거나 하급생의 공부를 돌보고 있는 치에 양의 모습이 떠오른다.
 그러자 갑자기 배고파졌다. 그러고 보니 어젯밤 치에 양의 장례 후 정진요리(精進料理)를 조금 입에 대고 나서 아무것도 먹지 않았다. 곁에 시계가 없으므로 지금이 몇 시인지 정확히는 알 수 없으나 이미 정오는 지났을 것이다. 조금 전에 야지 씨가 갖고 온 스프에 눈길을 보냈다. 죽일 작정이었으면 벌써 죽였을 것이다. 어떤 이유로 여기에 데리고 왔는지는 모르지만 악의가 있는 것 같이 생각되지는 않는다. 그들은 지구상의 어떤 인간과도 다르다. 따라서 여기는 지구가 아닐 것이다. 그렇다면 나는 예의 UFO[3]에라도 끌려온 것은 아닐까. 나는 이러한 것을 규명하고픈 기분에 사로잡혔다. 죽는다고 해도 아까운 목숨은 아니다. 아무튼 수프를 마셔 보자. 먹을 만큼 먹어 보고 이 머리가 큰 인간이 누구인가, 또 여기는 도대체 어디인가를 지켜 보고 싶은 호기심에 사로잡힌 것이다.

수프는 진하고 기름진 영양가가 많다고 생각되는 것이었다. 맛있다, 그렇게 생각하면서 어느새 전부 먹어 치웠다. 평소의 버릇대로 입을 닦으려고 주머니에 손을 넣어 보았지만 손수건은 없었다. 주머니 안에 있던 것은 남김없이 철장 밖의 테이블 위에 놓여 있었다. 무언가 허전하고 초조한 기분이 돼서 바지 주머니에 왼손을 집어 넣고 철창 안을 어슬렁어슬렁 걸었다.

그랬더니 어디선가 나의 모습을 감시하고 있었는지 타이밍을 아주 잘 맞춰 야지 씨가 하얀 천과 같은 것을 갖고 들어왔다. 사발뚜껑을 열어 보고 수프가 모두 없어진 것을 확인하더니 만족스럽게 미소를 지었다. 큰 입을 가로로 가늘고 길게 하는 것이므로 결코 미소라고는 말할 수 없지만 만족한 것 같다는 것은 감정이입(感情移入)에 의해서 이해할 수 있었다. 그는 하얀 천을 몸에 대어 보였다. 그의 몸은 머리만 쓸데없이 크고 몸통 쪽은 그다지 길지 않다. 손은 가늘고 날씬한 것에 반해서 발은 코끼리처럼 굵다. 그러나 전체로서의 키는 나와 그다지 차이가 없는 것처럼 생각된다. 하얀 천을 짧은 몸통에 대어 보인 것은 그것이 옷이라는 것을 가르칠 작정이었을 것이다. 그 하얀 천을 침대 위에 던졌다.

야지 씨는 가느다란 팔을 뻗치며 어떤 방향을 가리켰다. 손가락으로 가리키는 곳을 보았더니 벽에 누름단추가 있다. "이것인가?"라고 물어 보았더니 "세이."라 말하고 손가락으로 누르는 시늉을 한다. 무슨 일인지 모르지만 아무튼 누름단추를 눌러 보았더니 놀라지 말지어다, 문이 열려서 인간 한 사람이 넉넉히 들어 갈 수 있는 원통형의 캡슐이 눈 앞에 나타났다. 원통형의 위에는 샤워기인 듯한 물건이 붙어 있으니 욕실일 것이다. 아래는 의자로 되어 있고 구멍이 뚫린 곳이 있어서 변기 같이도 보인다. 야지 씨를 보았더니 옷을 전부 벗고 들어가라는 것 같은 지시를 하고 있다. 화장실 겸 욕실임에 틀림없다. 호기심도 있어 안에 들어가 보기로 하고 옷을 벗기 시작했다. 그 모습을 보고 야지 씨는 안심하였는지 빈 사발을 들고 방에서 나갔다.

알몸이 돼서 캡슐 속으로 들어가기는 하였으나 어떻게 해야 좋을지 짐작이 가지 않는다. 눈앞의 누름단추를 무턱대고 눌러 보고 캡슐 입구의 문을 개폐하는 단추, 샤워용 단추, 열풍이 나오는 단추, 변기 속의 물이 뿜어 나오는 단추 등이 있음을 알았다. 약간 작은 편이기 때문에 앉는 기분이 그다지 좋지 않은 변기에 앉아서 샤워를 하고 열풍으로 몸을 건조시켰다. 몸이 충분히 따뜻해져 전날부터의 피로가 한꺼번에 가신 상쾌한 기분이 됐다. 이 괴상한 인물들의 문화의 수준은 상당히 고도인 것 같은 느낌을 받았다. 야지 씨가 가져다 준 하얀 천의 가운을 입어 보았더니 상당히 짧고 임신복처럼 헐렁헐렁했다. 아무튼 그것을 입고 다시 침대에 벌렁 누웠다.

어느새엔가 꾸벅꾸벅 졸았던 것 같다. 무슨 소리에 정신이 들어 눈을 떠보았더니 최초에 보았던 두 사람의 이성인(異星人)이 서로 장난을 치고 있다. 두 사람의 행동을 보고 있으니 꽤 어린이답다. 우리의 어린이들과 마찬가지로 서로 어깨를 두드리거나 손가락으로 상대방을 찌르는 것 같은 시늉을 하면서 서로 웃고 있다. 나중에 안 일이지만 작은 쪽은 크로우요시 군이라 하고 국민학교의 고학년에 해당하는 연령인 것 같다. 큰 쪽은 니우유치 군이라 하고 중학생 정도라고 생각된다. 금후 두 사람을 요시 군, 유치 군이라는 별명으로 부르기로 한다.

큰 쪽인 유치 군이 손에 잡고 흔들흔들 흔들고 있는 물건은? 하고 보았더니 내가 주머니에 넣어 두었던 '지혜의 고리'[4]'가 아니던가. 이것이 무엇일까 하는 표정으로 흔들고 있다. 그러자 작은 쪽인 요시 군이 "나 좀 빌려줘."라고 말했을 것이다. 지혜의 고리를 손에 잡더니 열심히 양끝을 잡아당긴다. 너무나도 천진난만하여 그만 "이리 줘봐."라고 말을 해버렸다. 두 사람은 일제히 이쪽을 바라보고 놀란 얼굴을 하고 있다. 나도 '아차'라고 생각했지만 이제는 후퇴할 수 없다. 억지로 싱글벙글하면서 손을 내밀었다. 두 사람은 서로 얼굴을 마주보고 있었으나 나의 생글생글하는 얼굴을 보고 안심하였는지 지혜의 고리를 조금 위로 들어올리면서 '이것?'이라는 것 같은 모양새를 했다. 나도 고개를 끄덕여 보였다. 이것으로 기분이 통하는 것이니까 대단한 것이다. 가령 인종이 달라도 마음은 서로 통할 수 있다는 것을 이 이성인들과의 교류(交流) 속에서 절실하게 느꼈다.

요시 군이 철장 사이로 지혜의 고리를 살그머니 건네주었다. 나는 지혜의 고리를 벗겨 보이고 뿔뿔이 된 지혜의 고리를 양손에 들고 상대방에게 잘 보이고 나서 또 지혜의 고리를 하나로 끼우고 "해봐."라고 말하면서 유치 군에게 건네주었다. 그때부터 큰일이다. 두 사람이 서로 빼앗듯이 하여 지혜의 고리를 벗기려고 하지만 아무리 해도 벗겨지지 않는다. 두 사람 모두 끈기가 있다. 어떻게든지 벗기려고 몇 번씩이나 반복하고 있다. 20~30분 이상이나 이것도 아니고 저것도 아니면서 시도했을까. 마침내 체념하고 나에게 다가왔다. 아까 내가 벗긴 것이 믿겨지지 않는다는 표정으로 다시 한번 해보라는 것 같은 몸짓을 하면서 지혜의 고리를 나에게 건넸다. 이번에는 천천히 해보이고 상대방의 손을 잡으면서 벗기는 방법을 가르쳐 주었다. 그때 알게 된 것인데 손가락이 4개밖에 없고 가늘고 매우 스마트하다. 자못 손재주가 있어 보이는데 손가락의 움직임이 어색하고 아무리 해도 솜씨가 서투르다. 그러나 아무튼 지혜의 고리를 벗길 수 있게 되어 아주 기뻐하고 있다.

이 '지혜의 고리'가 계기가 되어 두 소년과 친해지고 말은 통하지 않았지만 여러 가지 놀이를 함께 즐기게 됐다. 특히 어린이들은 종이 접기와 요술 등을 좋아했고 마지막에는 학교에서 배우고 있는 수학에 대한 질문까지 하게 되었다. 그것들에 대해서는 뒤의 장에서 상세히 소개하기로 한다.

이 소년들의 아버지이자 이 지방의 장관이기도 한 아타스마 씨도 가끔 얼굴을 보이게 됐다. 장관은 역시 풍채가 좋은 사나이로 구레나룻을 기르고 배가 튀어나왔기 때문에 달마를 연상케 하는 몸매였다. 장관은 우리들의 곁에 접근하지 않고 어린이들과 놀고 있는 나의 모습을 멀리서 싱글벙글하면서 바라볼 뿐이었다. 여기는 어딘가, 무엇 때문에 끌려왔는가 등, 여러 가지 직접 물어 보고 싶다고 생각하면서도 말이 통하지 않는 슬픔으로 가만히 있을 수밖에 없었다. 오히려 그것이 좋았는지도 모른다. 잠시 후 철창이 없는 방으로 옮겨 주었다. 철창 안이라는 것은 죄수와 같은 느낌이 들어 어쩐지 비참하였지만 이번에는 어린이들과도 멀리

떨어져서가 아니고 같은 카펫 위에 앉거나 뒹굴거나 하면서 놀게
되었다. 그만큼 친밀하게 어울리게 된 것이다. 친밀해짐에 따라
우애원의 어린이들의 생각이 났다.

그 무렵부터 가끔 유치 군이나 요시 군의 누이 치이우코 양이
음료 등을 가지고 얼굴을 내밀게 되었다. 고교생 정도의 여자로
대수롭지 않은 행동 속에서도 여자다운 상냥함이 느껴졌다. 특히
두 동생을 상대하고 있을 때의 모습은 치에 양이 하급생을 달래
고 있는 모습과 비슷해서 치에 양의 생각이 떠올랐다. 이름이 치
에와 치이우코라 닮은 것도 무언가의 인연일까. 그녀를 치이 양
이라는 애칭으로 부르기도 하였다.

말이 서로 통하지 않아도 상당한 의사 소통은 할 수 있게 되었
지만 역시 말은 큰 장해 요인이었다. 그런데 어느날 놀라운 일이
일어났다. 방에 들어오는 야지 씨의 뒤에 그리운 지구의 인간의
모습을 본 것이다. 그것도 황색 피부를 한 나와 같은 동양인이
아닌가.

"미다 씨라고 한다지요."라고 말을 걸어왔을 때는 정말 놀랐
다. 꿈이 아닌가 하고 의심한 것이다.

"옛! 당신은? 어째서 여기에?"

나는 놀라움의 목소리와 동시에 잇달은 질문을 던지고 있었다.

"당신과 마찬가지로 노예로서 여기에 끌려왔습니다."

"노예!"

그것이 무엇을 의미하는지 생각도 미치지 않는 일이었다.

"요리사의 솜씨를 신임 받아 여기에 노예로서 끌려온 것으로
생각합니다. 그런데 지금은 서기로 말하면 몇 년일까요?"

"1973년입니다만 그것이?"

"예? 벌써 10수년이나 지나고 있는 것입니까? 내가 여기에 끌려온 것은 1959년의 일이니 말이죠. 나로서는 기껏해야 수년밖에 지나지 않은 것처럼 생각됩니다. 그렇다면 벌써 53세나 되었겠네요. 그러한 나이로 보입니까?"

"아니요, 도저히 그렇게 보이지 않습니다. 40대 중반처럼 보이는데요."

"여기서는 시간이 경과하는 것이 늦은 것처럼 느껴집니다. 태양이 2개(5)나 있기 때문에 밤과 낮의 길이가 일정하지 않아서 그렇습니다."

"여기는 도대체 어딥니까?"

"나도 정확한 것은 모르지만 은하계 내의 퀴리그 별이라는 하나의 행성인 것 같습니다. 항성계 내의 행성인지는 모르지만요."

"아까 노예로 끌려왔다고 하셨는데……."

"네, 퀴리그 별의 주민은 몸을 움직이는 노동을 경멸하고 있고 고도의 정신 활동만이 자기들이 하는 일이라고 생각하고 있는 것 같습니다. 그 때문에 딴 곳에서 노동자를 데리고 와서 노예로 사용하고 있는 것입니다. 나 이외에도 몇 사람인가 지구에서 이 별로 끌려온 것 같지만 지구인끼리 만나는 것은 금지되고 있습니다. 오늘과 같은 일은 나로서도 처음입니다."
 "왜 그렇지요?"라고 나는 아까부터 곁에 서서 싱글벙글하고 있는 야지 씨를 보면서 말했다.
 "당신에게 이 별나라의 말을 가르쳐 주라고 하는 것입니다. 이 별나라의 말을 모르면 할 수 없는 일을 당신에게 시킬 작정이 아닐까요? 일본에 있을 때 당신은 무엇을 하고 있었습니까?"
 "정밀기계의 정비공이었습니다."
 "이 별의 인간은 솜씨가 서툴러서 꼼꼼한 수작업을 할 수 없어서 당신과 같은 인간을 필요로 하지요. 그러나 그것뿐이라면 이 나라의 말이 꼭 필요하다고는 할 수 없는 데요."
 야지 씨와 무언가 말을 주고 받더니 가까스로 납득한 것 같다.
 "당신에게는 기계의 정비도 시키지만 어린이들에게 여러 가지의 것을 가르쳐 주기를 바라고 있습니다. 그 때문에 말이 통하지 않으면 안되는 것입니다."
 그 후 통역을 끼고 수학 등을 어린이들에게 가르치게 되는데 그 내용에 대해서는 뒤에 언급하기로 하자. 이 요리사는 쓰지무라 씨라 하고 돗도리현의 요네코 출신이라 한다. 쓰지무라 씨도 부인과 사별하고 아이도 없었기 때문에 전혀 의지할 곳이 없었다. 부인을 잃은 뒤에도 부부가 경영하고 있던 식당을 혼자서 하고 있었으나 경영이 여의치 않아 벽에 부딪치고 있을 무렵 아침 일찍 물건을 구입하러 외출하던 도중에 이 이성인들에게 끌려왔다고 한다. 쓰지무라 씨의 경우도 나와 마찬가지로 갑자기 눈앞이 밝아졌다고 생각하는 순간 의식불명이 되었고 잠을 깨어 보니 이미 이 퀴리그 별에 끌려와 있었다 한다. 이 이야기를 듣고 있는 동안에 어떤 의문이 머리 속에 떠올랐다.

"부인께서 돌아가신 것은 무슨 사고로?"

"아니요. 병 때문이었습니다. 아침 일찍부터 밤 늦게까지 꼬박 일을 하였기 때문에 과로가 원인이었습니다. 정말 가엾은 짓을 했습니다."

내가 가졌던 의문과는 틀린 대답이었기 때문에 일단 안심은 하였지만 치에 양의 경우는 혹시나라고 생각한 것이다. 치에 양이 나를 찾아오는 도중 누군가에 의해서 버스가 폭파되어 무참하게도 날아가 버린 것이다. 20수명의 사상자가 나왔지만 치에 양의 유체만은 확인되지 않았다. 소지품이 남아 있었고 승객의 몇 사람은 확실히 치에 양이 거기에 탑승하고 있었다는 것을 증언하였으므로 치에 양은 폭탄과 가장 가까이 있었기 때문에 날아가 버렸을 것이라는 결론이 났다. 이처럼 무참하게 죽은 치에 양이 가여워서 견딜 수 없었다. 폭탄을 장치한 범인이 미워서 견딜 수 없었다. 그러나 지금 와서 생각해 보면 퀴리그 별 사람들이 계획적으로 치에 양을 데려간 것이 아닐까라는 의문이 생겨난 것이다. 그러나 쓰지무라 씨의 견해는 달랐다.

"퀴리그 별 사람들은 살상을 싫어하기 때문에 그러한 일은 하지 않습니다. 의지할 곳 없는 사람을 데려가는 것도 뒤에 영향을 남기지 않기 위해서니까요."

"의지할 곳 없는 인물을 만들기 위해 그 주변 사람들을 사전에 처치해 버리는 짓은 하지 않을까요?"

"그런 짓은 하지 않겠지요. 내 경우 마누라는 확실히 병 때문에 죽었습니다. 나도 여기에 끌려와서 한때는 제정신이 아니었지만 지금은 요리사의 일에 정성을 다하고 있습니다. 이곳 주민들로부터 '맛있다'는 칭찬을 받는 것을 자랑으로 삼고 말이지요."

나는 이 의문을 이 이상 말하는 것은 삼가했다. 그러나 오랫동안 이 의문은 나의 마음을 아프게 했다. 쓰지무라 씨는 나의 의문을 그렇게 심각한 것으로는 생각하지 않고 여기서 지금 하고 있는 요리에 대해서 이야기해 주었다. 이곳 주민들은 딱딱한 것은 먹지 않고 수프뿐이라는 것, 그 때문에 이빨이 퇴화해서 이빨은 거의 없다는 것, 조금 딱딱한 것을 먹으면 배탈이 난다는 것 등을 가르쳐 주었다.

"우리 지구인은 그럴 수는 없습니다. 조금 씹는 맛이 있는 것을 먹지 않으면 이빨이 들뜹니다. 이제부터 당신에게도 특별식을 드리겠습니다."

"그거 참 고맙습니다. 무언가 미덥지 않아 견딜 수 없었으니까요."

"게다가 칫솔이 필요합니다. 당신은 아직 젊으니까 걱정 없을지 모르지만 잇몸을 단련해 두지 않으면 잇몸에서 피가 나오지요. 내가 만든 칫솔을 드릴게요."

쓰지무라 씨는 여러 가지로 친절하게 해주었다. 몇 년만에 일본어로 이야기를 나눌 수 있는 기회를 갖게 된 것이니까 그 기쁨은 나 이상이었을 것이다. 1959년 이후의 일본에 대한 것, 세계의 상태를 알고 싶어했다. 특히 돗도리현 요네코에 대한 것을 알고 싶어했지만 유감스럽게도 내가 그쪽의 상황을 몰랐기 때문에 대답할 수 없었다.

어느날 쓰지무라 씨가 먹거리가 되는 식물 등의 채집차 외출하는 김에 야지 씨와 함께 문 밖으로 나간 일이 있는데 그 무렵이 가장 좋은 계절이었음에도 불구하고 결코 쾌적한 자연 환경이라고 할 수 있는 것은 아니었다. 2개의 태양이 내리쬐기 때문에 나무 그늘도 없고 더워서 어슬렁어슬렁 산보할 수 있는 상태는 아니었다. 더구나 초목이 자라고 있는 곳은 습기가 많아 무덥다.

퀴리그 별은 2개의 태양의 중심(重心)의 주위를 원운동을 하고 있기 때문에 2개의 태양이 내리쬐여 불타는 것처럼 더운 계절이 있는가 하면 굉장히 먼 하나의 태양만의 빛밖에 다다르지 않는 혹한의 날이 며칠이나 계속되는 계절도 있다. 퀴리그 별의 자전축(自轉軸)은 공전면(公轉面)과 수직이기 때문에 생활의 환경에 적합한 것은 위도 30도 부근의 곳으로 한정되어 있고 극과 적도와의 온도차는 매우 큰 것 같다. 게다가 물도 풍부하기 때문에 기상의 변화는 격심하여 비바람이 매우 강한 날이 많다고 한다. 겨울은 몹시 춥기 때문에 초목은 잎이 떨어지고 동물들도 동면하거나 알 채로 월동한다. 여름에 나무들은 짙은 녹색의 잎이 무성하며 작은 동물들은 짧은 생명을 구가한다고 한다.

산은 심한 비바람을 맞고 있기 때문에 모두 완만하여 산이라기보다는 구릉(丘陵)이라고도 해야 할 것이다. 지각운동은 정지(靜止)한 지 이미 오래 됐고 화산도 없고 지진 등도 일어난 일이 없는 것 같다. 바다는 담수(淡水)이고 퀴리그 별의 표면의 80퍼센트 정도의 부분은 이러한 바다로 덮여 있다.

퀴리그 별의 사람들은 이러한 자연 환경 속에서 생활하는 것은 적합하지 않기 때문에 퀴리그 별의 도시는 온도 변화가 적은 지하에 만들어져 있다. 육지가 적기 때문에 도시는 육지의 아래 뿐

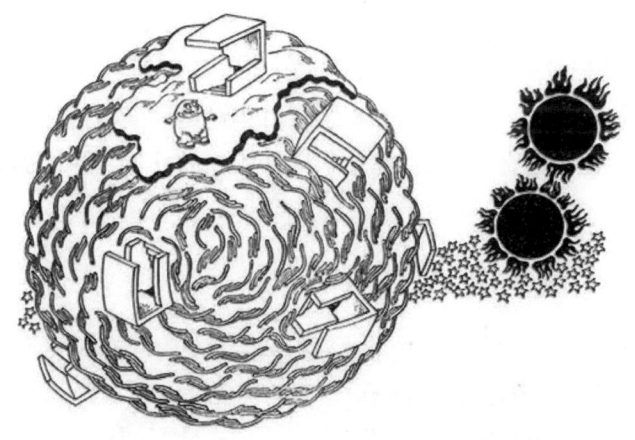

만 아니고 해면 아래에도 만들어져 있다. 태양열을 저장하여 그것을 조금씩 방출해서 이용하는 시스템이 개발되어 있기 때문에 그 에너지를 이용해서 계절의 변화에는 관계없이 극히 쾌적한 지하 생활이 가능하도록 되어 있다. 지하의 거리에는 움직이는 보도(步道)가 가로, 세로로 뻗어 있어 그다지 손발을 움직이지 않고 원하는 장소까지 갈 수 있다. 주택이나 상점가뿐 아니고 학교 기타의 공공 건물도 모두 지하에 만들어져 있다.

교통 기관은 지하 도시 내에서는 이 움직이는 보도 이외에 2·3인승의 박스 카가 달리고 있다. 이것은 그 도시 내의 임의의 두 지점을 움직이는 자동 엘리베이터와 같은 것이라고 생각하면 된다. 즉 좋아하는 지점을 지시하는 버튼을 누르기만 하면 나머지는 자동적으로 거기까지 데려다 주는 것이다. 또 퀴리그 별의 다른 도시로 가기 위한 교통 기관은 하늘을 날으는 원반정(圓盤艇) 이외에 잠수도 할 수 있는 선박 등이 흔히 이용되고 있다.

나는 아타스마 씨가 관리하는 그 도시 내를 자유롭게 나돌아

다니는 것도, 하물며 다른 도시를 여행하는 것도 허용되지 않았다. 대부분 아타스마 씨의 저택에만 있었고 기계의 수리와 아이들과의 교류에 시간을 보내고 있었기 때문에 이것 이상 거리의 상태나 퀴리그 별의 자연 환경에 대해서 이야기 할 것이 없다.

〈주〉

(1) 사전을 찾아보면 '땅딸막한 사람'이라고 되어 있다. 루이스 캐럴의 『거울 나라의 앨리스』 속에 나오는 인물. 그림은 J. 테니에르의 삽화이다.

(2) 후지코 후지오씨가 그리는 만화의 주인공
(3) 미확인 비행물체 unidentified flying object의 약어.

(4) 아래 그림과 같은 '지혜의 고리'였다. 왼쪽 그림의 점선처럼 발을 걸어서 틈을 맞추어 직각으로 비틀면 오른쪽의 그림처럼 된다. 이하 오른쪽의 그림의 점선의 방향으로 움직이면 벗겨진다.

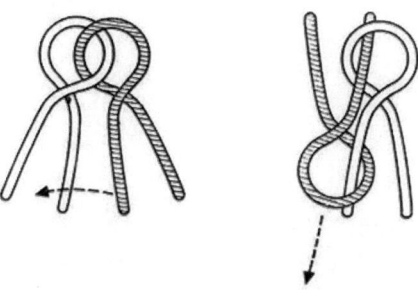

(5) 연성(連星). 예컨대 태양에 두 번째로 가까운 켄타우루스 자리의 α성은 연성이고 질량, 밝기 모두 태양 정도의 2개의 별이 태양과 해왕성만큼 떨어져 있고 70년의 주기로 돌아서 만나고 있다. 그러나 퀴리그 별은 이 별의 행성은 아닌 것 같다.

제2장
이미 아는 패러독스

속임수 배

'지혜의 고리'가 계기가 돼서 요시 군과 유치 군과 친해졌는데 이 소년들은 상당히 호기심이 강해서 불가사의하다고 생각되는 것에 직면하면 어떻게든 그 원인을 규명하려는 기분을 강하게 갖고 있는 것 같다. 일본의 어린이들이라면 별 것 아니라고 생각하는 것에도 관심을 갖고 몇 번이고 같은 것을 해보려고 하는 데는 이쪽이 질릴 정도였다.

최초로 박수를 치며 기뻐한 것은 종이접기로 '속임수 배'를 만들어 주었을 때이다. 나의 가방 속에 있던 공책 1매를 사용해서 속임수 배를 접어 주고 돛의 부분을 잡게 하고 눈을 감게 하였다. 선체의 방향을 바꿔 주면 깜짝 놀라서 눈이 반짝였다. 다시 한번 해보라고 한다. 몇 번인가 반복하고 있는 동안에 속임수는 알았지만 그래도 입을 딱 벌리고 낄낄거리면서 기뻐했다. 솜씨가 서툴러서 속임수 배 정도의 종이접기도 여간해서는 접을 수 없었지만 어떻게든 접을 수 있게 되었다. 학교에 가서 친구들에게 해준다고 요시 군은 몹시 까불거린다.

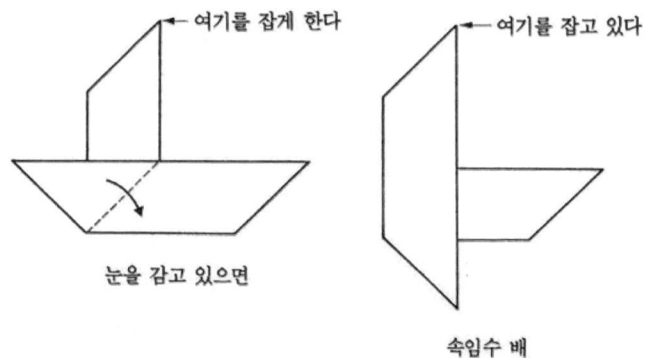

제2장 이미 아는 패러독스 35

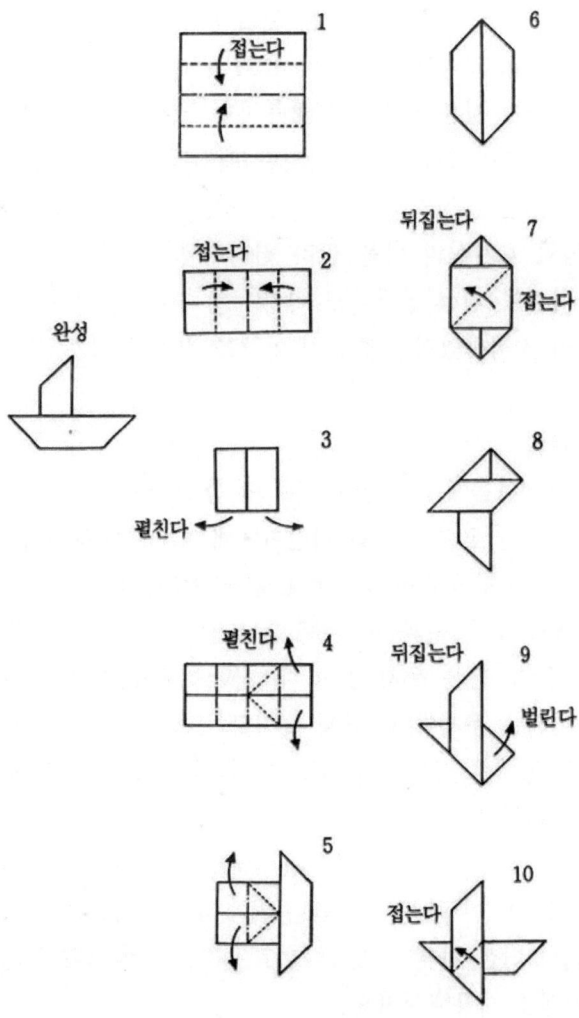

속임수 배를 만드는 법

종이접기로 '투구'나 '풍선', '학' 등도 만들어 주었는데 투구 정도라면 어떻게든 접을 수 있지만 풍선이나 학이 되다 보면 끝장이었다. 이 사회에서는 손을 움직이는 것을 극도로 싫어하기 때문인지 학교 교육에서도 공작 등의 수업은 없는 것 같다. 그러나 어린이라는 것은 호기심이 풍부하여 단지 한 장의 종이로부터 만들어지는 종이접기의 불가사의한 매력에 홀린 것 같다. 이 별에서는 수작업을 경멸하는 나머지 자기 힘으로 만들어 내겠다는 어린이들의 호기심의 싹을 잘라 버리고 있는 것 같이 생각된다. 상당히 나중이 돼서 장관과도 이야기할 수 있게 되었을 때 이 점을 엄격히 지적하였지만 충분히 이해를 하지 못하는 것 같았다.

끈의 요술

종이접기 다음에 시도한 것은 끈 등을 사용하는 요술이었다. 손재주로 하는 요술은 이곳 어린이에게는 도저히 무리이기 때문에 대단한 기술을 필요로 하지 않는 요술을 시도했다.

양 손목에 묶은 끈과 교차하도록 또 한 사람의 양 손목에도 끈을 묶어서 그 끈을 풀지 않고 두 사람을 따로따로 떨어지게 할 수 있을까라는 문제이다. 이때 요시군이

"4차원 장치를 사용해서 하는 거예요?"라고 묻기에 멍하니 있으니까 쓰지무라 씨가

"나도 잘 모르지만 무엇이든지 4차원 곡선을 따라서 3차원 공간 내의 2점을 이동시킬 수 있는 기계 같습니다."

"저런, 그러한 기계가 있습니까? 우리들을 지구에서 데리고 올 때 그 기계를 사용했겠지요?"

"아마 그러하였겠지요. 그 기계는 극비이고 상당한 숙련자밖에

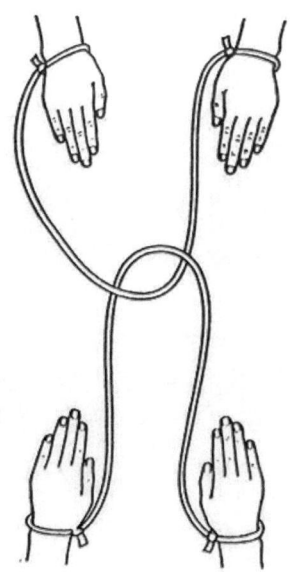

는 다룰 수 없다는군요."

나는 요시 군을 향하여 말했다.

"4차원 장치 같은 것 사용하지 않아도 할 수 있지."

요시 군은 여러 가지로 생각하고 있었으나 아무리 해도 할 수 없었다. 비법을 공개했더니 이것은 재미있다 하며 몇 번이나 될 수 있는 것을 확인하고 있었다.

이 나라에서는 볼펜과 같은 유성 잉크가 들어 있는 펜을 사용해서 글을 쓴다. 잘못 쓰면 지우개를 사용할 수 없는 것이 불편하다. 그러나 문자를 쓰는 것은 대부분 소형의 타자기를 사용하므로 그다지 펜을 사용할 필요가 없는 것 같다. 그 때문인지 글씨를 쓰는 것이 매우 서투르다. 이 나라의 문화는 누름단추식 문

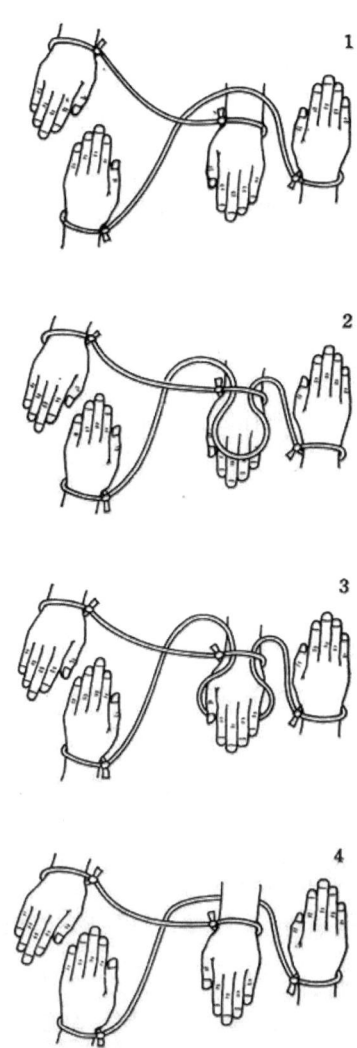

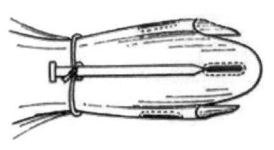  
(단춧구멍)

화이고 대부분 손가락 끝으로 단추를 누르는 것만으로 용무가 충족된다. 그 때문에 손재주가 아주 나쁜 것일 것이다. 아무튼 이와 같은 펜에 끈을 고리처럼 부착시켜서 단춧구멍에 끈이 달린 펜을 그림처럼 부착시켰다(이 나라의 옷은 모두 지퍼가 달린 것뿐이어서 단춧구멍이 붙어 있는 옷은 없다. 따라서 나의 신사복을 사용해서 해보인 것이다). 끈의 고리의 길이가 펜의 길이보다 약간 짧기 때문에 상당히 어렵다. 더구나 양복처럼 부드러운 것에 부착시키지 않으면 벗길 수 없다. 퀴리그 별의 물건 중에 이러한 조건에 맞는 물건이 있는지 어떤지는 모르지만 아무튼 나의 양복으로 해보았다.

양복을 손으로 쥐어짜서 거기에 끈의 고리를 통과시키면 펜의 끝이 양복의 단춧구멍의 부분에 온다. 거기서 단춧구멍으로부터 펜을 끄집어내면 되는 것이다.

퀴리그 별의 수의 체계

이 별의 주민들은 손가락이 4개밖에 없어서인지 수는 8진법이다.
 0, 1, 2, 3, 4, 5, 6, 7
의 다음이
 10, 11, 12, ……

가 되는데 10은 8을 말하고 11은 9이다. 17의 다음은 20이고 77의 다음은 100이 된다. 이 100은 10진법으로 고치면 64와 마찬가지이다. 이 나라에서의 8종류의 숫자가 상당히 재미있기 때문에 그것을 소개해 둔다. 고체(古体)에서는 1, 2, 3, 4, 5, 6, 7은

― ‗ ≡ ‖ H Ƕ 日

이었으나 최근의 서체로는

　　　　□ 오레즈　(0)
　　　　ㄴ 에노　 (1)
　　　　ㄱ 오우트　(2)
　　　　ㄹ 에르트　(3)
　　　　ㄇ 루오프　(4)
　　　　ㅐ 에비프　(5)
　　　　ㅂ 키스　　(6)
　　　　日 네베스　(7)

로 되어 있다. 8의 자리가 토기(옛날에는 토기에)이고 8의 제곱

의 자리는 데르(옛날에는 데르도느)이며 8의 3제곱의 자리는 오리크, 8의 6제곱의 자리는 아젬, 8의 9제곱의 자리는 아기그라 일컫고 있다. 예컨대 10진법에서의 4만2천7백9십8을 8진법으로 고치면

42798＝$1×8^5+2×8^4+3×8^3+4×8^2+5×8+6$이 되므로 ㄴㄱㄹㄲㅂㅂ이라 적을 수 있는데 이것을 읽으면 '에노·데르 오우트·토기 에르트·오리크 루오프·데르 에비프·토기 키스'가 되는 것이다(이 읽는 법이 특히 지나치게 긴 것은 아니다. 우리말로 읽는 것을 한글로 적으면 '사만이천칠백구십팔'이 되므로 퀴리그어와 그다지 차이가 없다).

구구(9·9)는 에노에노

8진법이기 때문에 어린이들은 8진법의 곱셈 구구를 암기해야 한다. 이 나라에서는 구구에 대한 것을 1·1(일일)에 상당하는 말 에노에노라 말하고 있었다. 요시 군은 이미 에노에노를 전부 암기하고 있었고 소형 타자기에 짜 넣어진 계산 기구(機構)(전자식 탁상 계산기와 같은 것)를 사용해서 계산하기 때문에 나중과 같은 문제를 풀어보게 하였을 때에도 대단한 고생은 하지 않았다. 오히려 내가 8진법의 에노에노를 기억하고 있지 않아 일일이 10진법으로 환산해서 하였기 때문에 시간이 걸렸을 정도이다.

숫자의 이야기를 하는 김에 이 나라 문자의 이야기를 해두자. 문자는 표음 문자이고 5개의 모음, 2개의 반모음, 12개의 자음만으로 구성된 극히 간단한 것이다. 모음은

ᄀ(i),   ᄀ(u),   ᅳ(e),   ᅮ(o),   ᆞ(a)

의 5개이고 반모음은

∀(y), ∇(w)

의 2개이다. 자음은

⌊(p), ⊥(t), ⌋(k), ╀(s),
⫤(b), ⫧(d), ⫨(g), ♯(z),
∫(m), ⊤(r), ⌉(n), ⊥(h)

의 12개이다. 이들 19개의 문자를 조합시키면 온갖 단어를 표기할 수 있다. 예컨대 퀴리그를 이 나라의 문자로 적으면

⌋ 7 ⌈ ⊤ ⌈ ⫨ 7

라 철자할 수 있다. 구두점(句讀點)으로서는 /의 기호만이 사용되고 있다. 거듭 수학에서의 가감승제의 기호로서는

⊔ ⊏ △ ∠

의 4개의 기호가 사용되고 있다. 예컨대

$a+b$는	⊔ ab	$-a$는	∠ a
$a-b$는	⊏ ab	$a=b$는	⊢ ab
$a \times b$는	△ ab	$a>b$는	⊢ ab
$a \div b$는	∠ ab	$a<b$는	⊣ ab
a^b은	∧ ab		

등이라 적을 수 있다.

또 한 가지 이 나라의 시간의 체계에 대해서도 언급해 둘 필요가 있을 것이다. 시간의 최소 단위는 도노(정확히는 도노세스)이고 눈을 깜짝이는 사이(즉 우리나라의 순간)를 의미한다. 에노데르도노(64도노)를 에노에츠(1에츠)라 한다(에츠는 에츠님의 약어이다). 또 에노데르에츠(64에츠)를 에노루오(1루오)라 한다. 거듭 루오프토기루오(에노데르루오의 절반, 32루오)를 에노야드

(1야드)라 한다. 1야드가 1일에 해당되는데 1일을 에노데르우오의 절반으로 하고 있는 것은 태양이 2개 있다는 것과 관계가 있는 것 같다. 2개의 태양을 도는 1주기가 에노오리크야드(512야드)이고 이것이 1년에 해당하며 에노라에이(1라에이)라 일컬어진다. 1라에이는 에노토기츠놈(8츠놈)으로 이루어져 있다.

사라지는 사슬

끈의 요술을 해보인 다음 더 깜짝 놀라게 하는 퍼즐은 없는가 하여 생각해낸 것에 '사라지는 소인(小人)⁽¹⁾'이라는 것이 있다. 그러나 이러한 교묘한 그림을 그려 보일 자신이 없었기 때문에 이것을 '사라지는 사슬'로서 만들어 보았다. 이것으로도 요시 군을 충분히 놀라게 할 수 있었다고 생각한다. 자랑거리는 위의 절반을 3개 부분으로 나누고 그중 2개를 붙인 채로 움직이면 사슬의 개수가 8개, 9개, 10개로 세 가지로 변화하는 것이다. 거듭 위의 3개의 부분을 임의의 순서로 바꿔 놓으면 여섯 가지로 만들 수 있는데 그 여섯 가지를 전부 틀린 개수로 하려고 생각해서 만든 것이 아래와 같은(퀴리그어로 적은) 수사(數詞)의 바꿔 놓음이다. 최초 11개의 수가 있지만 위의 부분을 선을 따라서 3개의 부분으로 나눠서 여러 가지 순서로 바꿔 놓아 보면 3개에서 17개까지의 수가 출현한다.

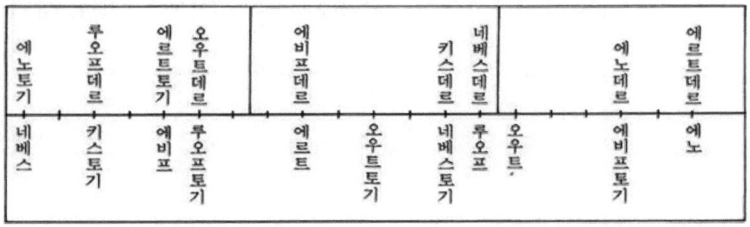

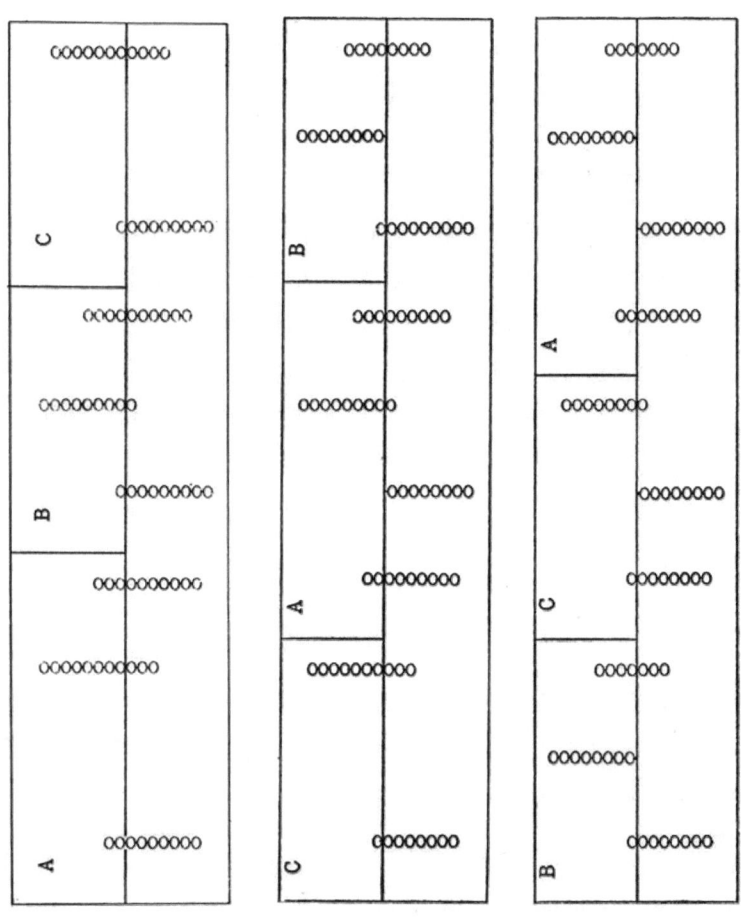

제2장 이미 아는 패러독스 45

사슬쪽의 퍼즐의 경우 최초 있었던 8개의 사슬에서 조금씩 사슬을 떼어내서 새로운 1개의 사슬을 만들어 내고 있다. 따라서 원리적으로는

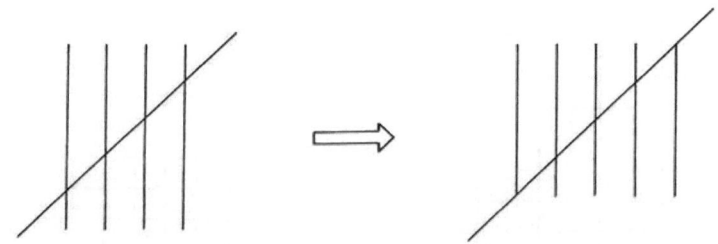

이라는 것에 불과하다. 한편 수사의 퍼즐 쪽은 상하로 연결된 수사를 2개로 분리하여 2개수를 늘리고 있다. 그래서 원리적으로는

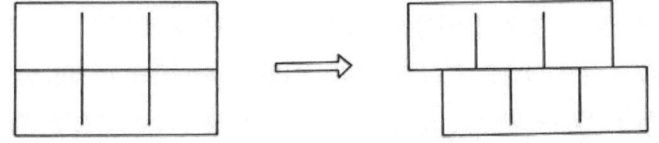

이라는 것이 될 것이다. 그러한 의미에서는 수사의 퍼즐의 원리쪽이 보다 간단하다는 것이 된다.

양탄자의 수리

나의 방에도 두꺼운 양탄자가 깔려 있는데 이 나라에서도 흔히 양탄자를 사용하는 것 같다. 그래서 양탄자에 대한 문제를 내기로 하였다[2]. 1변의 길이가 에노토기누스인 정사각형의 양탄자가 있다(누스는 길이의 단위이다. 10진법으로 말하면 1변이 8누스의 정사각형이라는 것이 된다). 따라서 그 넓이는 에노데르 제곱누스(64제곱누스)이다. 이 양탄자의 오른쪽 아래 귀퉁이가 불에

타서 놓었다. 에노 제곱누스(1제곱누스)의 작은 정사각형을 잘라 내서 직사각형의 양탄자로 고쳐 만들고 싶다. 어떻게 하면 되는 것일까.

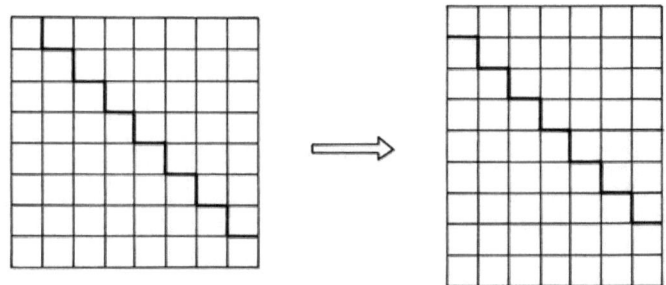

위와 같이 계단 모양으로 잘라서 1단(段) 비켜서 옮겨 놓으면 2변이 네베스(7)와 에노토기에노(9)의 직사각형이 만들어진다. 이것으로 순조롭게 해결은 했지만 더 솜씨 좋게 자르면 정사각형 그대로 수선할 수 있다고 한다. 어떻게 하면 되는 것일까. 그런 어처구니없는 일이라 생각하지 말고 잘 생각해 보았으면 한다.

다음 페이지의 그림과 같이 5개로 잘라서 오른쪽처럼 바꿔 배열하면 처음의 정사각형과 같은 크기의 정사각형이 만들어진다. 또 하나의 별개의 풀이가 있다.

이번에는 3개로 자르는 것만으로 만들어져 있는 것이므로 확실히 솜씨가 좋은 방법이기는 하지만 어려운 점은 1매를 뒤집지 않으면 안되는 점에 있다. 안팎의 구별이 없는 양탄자의 경우라면 유효할 것이다. 아무튼 이러한 불가사의한 일이 어떻게 해서 일어나는 것일까. 그 비법을 밝히는 것은 조금 더 뒤로 미루고 동일한 취향의 문제를 몇 가지 채택하여 보자.

이제부터는 번거로우므로 10진법의 수치만으로 표기하기로 한

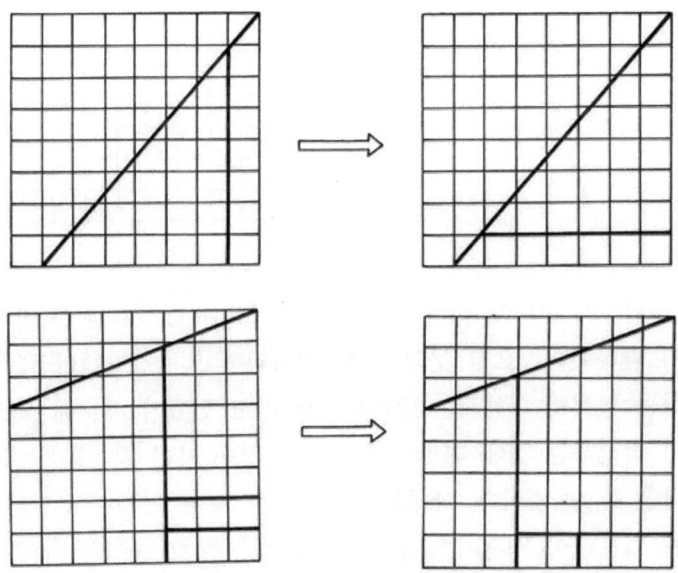

다(요시 군에게 출제했을 때는 8진법의 수치로 한 것은 당연하다). 1변의 길이가 8누스인 정사각형을 48페이지의 위의 그림처럼 4개의 부분으로 나누고 이것들을 솜씨 좋게 바꿔 배열하면 오른쪽 그림과 같은 세로 5누스, 가로 13누스의 직사각형이 된다. 그런데 원래의 정사각형의 넓이는 64제곱누스였는데 바꿔 배열한 직사각형의 넓이는 65제곱누스로 되어 있어 넓이가 1제곱누스만큼 많아져 있다. 이것은 어찌된 일일까. 거듭 48페이지의 아래의 그림과 같은 묘한 형태로 바꿔 배열해 보면 이번에는 넓이가 63제곱누스밖에 되지 않는다. 이것은 또 어찌된 일일까.

이러한 패러독스는 직사각형의 넓이가 세로의 길이 곱하기 가로의 길이에 의해서 구할 수 있다는 것을 충분히 터득하고 있는 단계에서 출제하지 않으면 안된다. 그렇지 않으면 불가사의하다

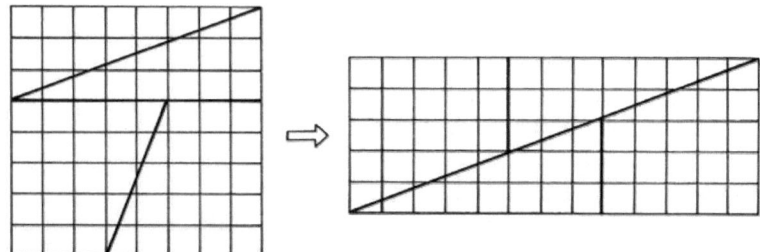

고 생각하기 보다도 넓이를 구하는 공식을 이해하기 위한 방해가 되기 때문이다. 요시 군의 경우 직사각형이나 삼각형의 넓이를 구하는 공식에 대해서는 충분히 이해하고 있었기 때문에 이러한 일이 발생하는 것에 대해서 놀라운 표정을 보인 것이다. 놀라워 한다면 잘 된 것이다. 왜냐하면 본인에게 문제 의식—어째서일까 라는 기분—이 생겼기 때문이다. 그 다음은 그 원인을 규명하도록 만들면 된다.

먼저 요시 군에게 확대한 5×13의 직사각형의 그림(49페이지)을 정확히 그리게 하여 PQ의 길이를 실측시켜 보았다. 요시 군은 솜씨가 서투르기 때문에 좀처럼 잘 되지 않았지만 PQ의 길이는 3보다도 커질 것 같다는 것, 따라서 8×8의 정사각형에서 잘라 낸 4개의 도형을 5×13의 직사각형으로 배치해 보면 한가

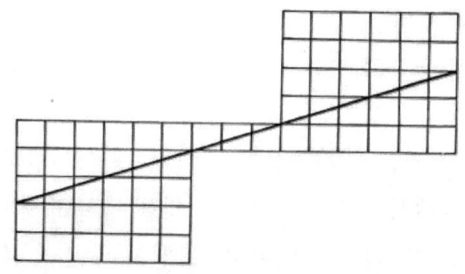

제2장 이미 아는 패러독스 49

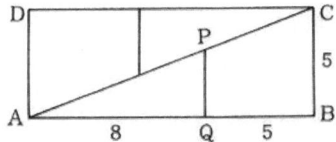 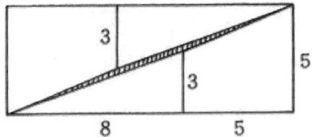

운데에 약간이나마 틈이 생겨 그 넓이가 1제곱누스에 상당함을 규명시켰다.

요시 군의 교과서를 보니 마침 닮음도형에 대해서 공부한 터이였으므로 걸맞는 재료라고 생각하여 PQ를 계산으로 알아 보도록 시도했다. △APQ와 △ACB는 닮음이므로 대응하는 변의 비는 같다. 따라서

   PQ : AQ=CB : AB

가 된다. AQ는 8, CB는 5, AB는 13이므로

   PQ=(8×5)/13=3.0769······

가 되어야 할 것이다. 실측치 3.1약과 거의 일치됨을 확인할 수 있다.

이 교재는 교육상으로도 상당히 중요한 요소를 포함하고 있다. 첫째로 이미 알고 있는 지식에 반하는 결과가 생기기 때문에 어린이들에게 문제 의식을 갖게 할 수 있다. 둘째로 도형을 바꿔 배열하는 것만에 의해서 넓이의 상등성(相等性)을 안이하게 나타내어 보이려는 것에 대한 위험성을 지적해 주고 있다. 즉 논리적인 증명의 필요성을 가르쳐 준다. 셋째로 대충 옳은 것 같다고 생각되는 것도 실측에 의해서 잘못이라는 것을 나타내어 보일 수 있다. 즉 실험수학의 하나의 교재가 될 것이다. 네째로 삼각형의 닮음의 좋은 교재를 부여해 주고 있다고 할 수 있다.

이러한 문제는 얼마든지 만들 수 있음을 주의해 두자. 13×13

의 정사각형을 아까와 마찬가지의 4개의 작은 조각으로 잘라서 그것들을 솜씨 있게 바꿔 배열하면 8×21의 직사각형이 돼버린다. 이러는 편이 상대적 오차가 작기 때문에 그림 위에서의 확인이 보다 어렵다. 그러나 닮음비를 사용하면 그 잘못을 곧 간파할 수 있을 것이다. 실은 다음과 같은 수열[3]

1, 1, 2, 3, 5, 8, 13, 21, 44, 65,……

의 서로 이웃한 3개의 수를 취하면 한가운데의 수의 제곱과 양끝의 두 수의 곱과는 언제나 1만큼 다르다. 즉 정사각형의 넓이가 직사각형의 넓이보다 1이 많을 때와 1이 적을 때가 교대로 나타나는 것이다. 그런데 이 수열은 어떻게 해서 만들어졌는가 하면 앞의 2개의 수의 합이 그 다음의 항이 되도록 한 것이다.

유산의 분배

요시 군은 분수 계산을 제법 잘 했다. 그래서 분수가 얽힌 '유산 분배의 이야기'라는 불가사의한 이야기를 들려 주었다[4].

"아주 먼 옛날의 이야기야. 어떤 사람이 12척의 배를 갖고 있었다. 생전에 유산 분배에 대한 유언을 적어 두었다. 그에 따르면 장남에게는 유산의 2분의 1을, 차남에게는 4분의 1을, 3남에게는 6분의 1을 준다는 문서였다." "그까짓 장남이기 때문에 많이 받을 수 있다는 것은 마음에 들지 않아요."라고 요시 군은 뿌루퉁해지면서 항의를 하였다.

"아니, 그렇게 말하지 말아. 그래서 아주 먼 옛날의 이야기라고 했잖아. 요즘 같으면 이러한 유언을 남기는 사람도 없을 테니까 말이지. 아무튼 이러한 유언을 적어서 남겼지만 실제로 부친이 사망했을 때는 그중의 1척은 침몰해 버려 11척밖에 남아 있

지 않았다. 11척으로는 2로 나눌 수도 4로 나눌 수도 6으로 나눌 수도 없다. 자, 어떻게 하였을까?"

"배를 팔아서 말이죠, 돈으로 바꿔서 분배하면 되잖아요."

"응, 그거 참 좋은 생각이다. 그렇지만 말이지, 아버지의 유품이니까 팔 수도 없단 말이야. 소중히 사용해야 한다는 말이지"

"……"

"과연 장남이야, 좋은 생각이 떠올랐어. 이웃에 가서 배를 1척 빌려 온다. 그렇게 하면 12척이 될 것이다. 유언대로 장남은 2분의 1인 6척, 차남은 4분의 1인 3척, 3남은 6분의 1인 2척을 받는다. 그러면 합계 11척밖에 되지 않기 때문에 남은 1척을 이웃에 되돌려 주었다. 그래서 이웃에도 폐를 끼치지 않고 만사가 멋지게 해결되었다는 거지."

"?……"

"그렇다면 이웃에서 빌려 오지 않아도 유언대로 최초부터 잘 분배할 수 있었을 터인데 이것은 또 도대체 어떠한 까닭일까?"

요시 군은 생각에 잠겼다. 그러나 당장은 결론이 나올 것 같지 않다. 그렇지만 항복한다는 것은 부아가 난다 하며
"내일까지 기다려 주세요. 생각해 올 테니까."라 한다. 이것은 대견한 일이다. 바로 답을 알고 싶어 하는 것이 보통인데 자기가 생각할 테니 내일까지 기다려 달라 한다. 이것은 좋은 경향이라고 생각하였기 때문에
"좋아, 천천히 생각해요. 그 대신 또 하나의 문제를 내줄께." 라 하고 로마 시대부터 전해지고 있다는 유언의 문제를 시의 형식으로 고쳐서 출제하여 보았다[5].

옛날에 사나이가 있었는데
임종 때에
아내를 마주 보고
유언을 하다.
"그대의 뱃속의 아이가
아들이라면
유품의
3개 중의 2개를
그 아들에게 주고
나머지를 그대에게.
딸이라면
3개로 나눠서
1개는 그 딸에게
2개는 그대에게."
아아, 뜻밖에도

사내아이와 계집애의
쌍둥이가 태어나면
어떻게 나누리.

다음날 요시 군은 단단히 마음먹고 찾아왔다.
"처음의 배의 문제는 말이지요, 그것은 협잡이에요. 장남은 유언보다도 더 가져 갔어요. 글쎄 11척 중에서 6척이나 가져 갔잖아요. 그래서

$$\frac{6}{11} = 0.545\cdots > 0.5 = \frac{1}{2}$$

이 돼서 유언보다도 훨씬 더 받고 있지요."
"확실히 그렇지만 차남이나 3남 쪽은 어떠하지?"
"장남이 그만큼 더 받았으니까 틀림없이 차남이나 3남은 비율이 낮을 것으로 생각해요. 차남은 11척 중의 3척을 받았으니까

$$\frac{3}{11} = 0.272\cdots > 0.25 = \frac{1}{4}$$

이 돼서 역시 유언보다 많은가? 그러면 손해를 본 것은 3남뿐이라는 것인가. 연상(年上)의 놈이라는 것은 교묘하게 말해서 자기에게 득이 되는 것밖에는 하지 않기 때문에 말입니다."
"그렇게 투덜투덜 말하지 말고 3남의 몫도 계산해 봐."
"3남은 11척 중 2척을 받은 것이니까

$$\frac{3}{11} = 0.181\cdots > 0.166\cdots = \frac{1}{6}$$

앗, 역시 더 받았네, 세 사람 모두 더 받았다니 어떻게 된 것이지요?"
"사실을 말하자면 아버지의 유언이 잘못된 것이란다. 2분의 1

과 4분의 1과 6분의 1을 더해 보면 1이 되지 않을 것이다."

"$\frac{1}{2}+\frac{1}{4}+\frac{1}{6}=\frac{11}{12}$

정말 그렇네. 그 이유가 무엇이지요?"
"아직도 모르나? 나머지의 12분의 1은 어떻게 되는거지?"
"유산의 12분의 1의 분배를 결정하지 않았다는 것인가요?"
"그렇다는 거지. 그래서 12척 있었을 때에도 1척이 남아 버린다. 그 1척의 분배 방법이 결정되어 있지 않기 때문에 유언이 잘못 됐다는 것이 된다. 자, 2번째의 문제는 어떻게 됐지?"
"앗, 시에 대한 것 말이죠. 그것은 다 풀었어요."
"어떤 식으로 했나?"
"전 재산을 반반으로 나눕니다. 그 절반을 아내와 아들이 유언대로 3분의 1과 3분의 2로 나눕니다. 나머지의 절반도 아내와 딸이 유언대로 3분의 2와 3분의 1로 나누는 것입니다. 그러면

아들은 $\frac{1}{2} \times \frac{2}{3} = \frac{1}{3}$

딸은 $\frac{1}{2} \times \frac{1}{3} = \frac{1}{6}$

아내는 $\frac{1}{2} \times \frac{1}{3} + \frac{1}{2} \times \frac{2}{3} = \frac{1}{2}$

이 됩니다. 이것으로 되는 것 아닙니까?"
"어째서 처음에 재산을 반반으로 나누지? 유언에는 그러한 것은 적혀 있지 않잖는가?"
"그렇지만 남자와 여자는 반반이니까요."
"그러나 유언에는 남자와 여자는 대등하게 돼있지 않아."
"……"

"이것도 유언이 불완전했다고 말하지 않을 수 없지만 유언의 기준에 따라서 어떻게든 나누려고 하면

$$아내 : 아들 = \frac{1}{3} : \frac{2}{3} = 1 : 2$$

$$아내 : 딸 = \frac{2}{3} : \frac{1}{3} = 2 : 1$$

의 비율이 유언으로 결정되어 있다고 생각할 수 있을 것이다. 그렇게 하면

아내 : 아들 : 딸 = 2 : 4 : 1

이 되므로 전체의 7분의 2를 아내가, 7분의 4를 아들이, 7분의 1을 딸이 상속하는 것이 가장 좋을 것이다."
"비율을 사용해서 푸는 겁니까?"
요시 군은 충분히 이해하였다고는 할 수 없는 것 같았다.
"그러면 처음의 배의 문제도 비율을 사용해서 풀 수 있지 않을까?"
"그런가? 해볼께요.

$$장남 : 차남 : 3남 = \frac{1}{2} : \frac{1}{4} : \frac{1}{6} = 6 : 3 : 2$$

가 돼서 기묘하게도 먼젓번의 협잡 분배법의 답과 일치하네. 이 것 재미있다."

돈의 지불

어느날 요시 군이 학교에서 재미있는 문제를 들었다면서 다음과 같은 이야기를 나에게 했다[6].
"어떤 사람이 에노오리크네이의 지폐를 내고 1권에 오우트토기네이의 책을 샀다 합니다."(네이라는 것은 돈의 단위이다. 에

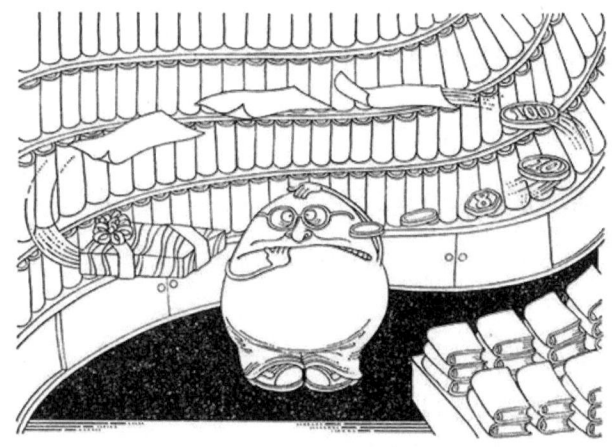

노오리크네이는 10진법으로 말하면 512네이이고 오우트토기네이는 16네이를 말한다).

 "그런데 그 가게에는 거스름돈이 없었기 때문에 책방 주인은 이웃에 가서 에노오리크네이를 잔돈으로 바꿔서 거스름돈과 책을 포장해서 건네주었다. 그런데 잠시 후 이웃집 주인이 찾아와서 이 지폐는 위조지폐이니까 되돌려 달라는 것입니다. 하는 수 없이 별개의 에노오리크네이 지폐를 꺼내서 변상하였습니다. 책방 주인의 손해는 얼마일까요?"

 "이 나라에도 위조 지폐가 있구만. 아무튼 범인에게 빼앗긴 거스름돈과 책 값과의 합계 에노오리크네이만큼 손해이겠지."

 "그러한 것이지만 대개의 사람은 이웃에 변상한 에노오리크네이까지 손해 속에 넣지요."

 "착각하기 쉽지. 그러나 이웃과의 사이에는 득실이 없는 것이야. 진짜 지폐를 잔돈으로 바꾼 것뿐이니까 말이지."

 통역을 해주고 있던 쓰지무라 씨가 입을 열었다.

"그것과 아주 비슷한 이야기를 들은 적이 있어요, 라쿠고(落語, 만담)인가 무언가에서요.[7] 어떤 사람이 선물을 하려고 선물점에 갔습니다. 마음에 드는 찻잔의 세트가 있었으므로 "이 찻잔은 얼마지?"라고 물으니 "1만원입니다."라고 하기에 그것을 포장해서 받았다 합니다. 찻잔의 꾸러미를 들고 쇼 윈도를 들여다보고 있었는데 갑자기 마음이 바뀌었는지 "저 꽃병은 얼마지?"라고 물은 것입니다. "네, 역시 1만원입니다."라고 하기에 "그러면 찻잔 대신에 그것을 포장해 줘요."라고 부탁했습니다. 꽃병의 꾸러미를 받은 사나이는 "자, 찻잔 대신에 꽃병을 가지고 가기로 하지. 찻잔은 여기에 되돌려 놓을 테니까요."라 말하고 가게를 나가려고 한 것입니다. 놀란 것은 점원입니다. "여보세요, 꽃병의 대금을 받지 않았는데요." 그 사나이는 놀란 얼굴을 하면서 "뭐? 꽃병 값? 그 대신 찻잔을 되돌려 주지 않았나? 어느쪽도 1만원이지 않은가?" 난처해진 점원이 말하기를 "네, 그렇습니다만, 그 찻잔의 대금을 아직 받지 않았기 때문에요." 그 사나이는 점점 이상하게 생각하여 "찻잔을 사는 것은 그만 두었지 않아. 이 가게에서는 사지도 않는 물건 값까지 청구하는 거야?"라고 외쳤다고 합니다."

쓰지무라 씨의 이야기하는 방법이 재미있었기 때문에 큰 소리로 웃었다.

"그러면 내가 또 한 문제를 내기로 하지.[8] 세 사람이 여관에 묵었을 적의 이야기입니다. 1박에 1인당 1만원이라고 하여 각자가 1만원씩 합계 3만원을 거둬 지불을 끝냈습니다. 그런데 여관 주인이 서비스로 5천원을 깎아 주었는데 여자 종업원이 세 사람이 있는 곳에 가지고 오는 도중에 2천원을 슬쩍 해버려 3천원만

되돌려 준 것입니다. 각자 1만원씩 냈는데 1천원이 되돌아 왔으므로 1인당 9천원입니다. 9천원을 세사람이 낸 것이므로 2만7천원이 됩니다. 여자 종업원이 2천원을 슬쩍 하였으니까 도합 2만9천원입니다. 1천원 모자라는 것은 어째서일까요?"

"……"

여관 주인이 받은 돈, 여자 종업원이 슬쩍한 돈, 손님이 낸 돈을 정리하여 생각해 보면 된다. 여관 주인이 받은 돈은 2만5천원이고 여자 종업원이 가로챈 것은 2천원이다. 여관 측의 두 사람이 받은 돈은 2만7천원이 되고 손님 세 사람이 지불한 총액 2만7천원과 일치하여 이상할 것이 아무것도 없다. 앞에서는 이 2만7천원에 여자 종업원의 2천원을 다시 한번 더하고 있어 아무런 의미도 없는 일을 하고 있는 것이다. 2만7천원에 서비스로 깎아준 3천원을 더하면 최초에 지불한 3만원이 된다.

$$\underbrace{25{,}000 + 2{,}000}_{27{,}000\cdots\text{실제의 지불}} + 3{,}000 = 30{,}000$$

주인   여자 종업원   서비스   최초의 지불

평균의 평균
며칠인가 지난 다음의 요시 군의 보고이다.
"어제 수학 시험의 결과 발표가 있었는데 그에 대해서 조금 묘한 것이 있는데요."
"어떠한 것이지?"
"여자의 평균 점수는 70점이고 남자의 평균 점수는 50점이었습니다. 그런데 학급의 평균 점수는 60점이 아니고 58점이라고 선생님이 말씀하셨습니다. 평균이란 더하여 2로 나누는 것이잖아요."

"남자의 인원수와 여자의 인원수가 같다면 네가 말하는 것처럼 더하여 2로 나누면 되지만, 인원수가 다를 때는 그렇게는 되지 않는 거란다. 그런데 너희들의 학급에서 남자의 인원수는 몇 명이지?"

"남자는 15명이고 여자는……"

"아이쿠, 이제 됐어. 여자의 인원수는 계산해 낼 수 있단다. 잠시만 기다려 주게. 여자는 10명일 것이다."

"그렇습니다. 어떻게 해서?"

"남자의 평균 점수는 50점이므로 남자의 합계 점수는 750점일 것이다. 여자 10명의 평균 점수가 70점이었으므로 여자의 합계 점수는 700점이 되지. 학급 전원 25명의 평균 점수는

$$(750+700) \div 25 = 58$$

이 되기 때문이야."

"그렇지만 여자가 10명이라는 것은 어떻게 해서 낼 수 있는 거지요?"

"중학교에 들어가서 배우는 대수라는 것을 사용하면 할 수 있는 것이란다."

"대수란 무엇이지요?"

"모르는 수를 □라 두는 거야."

"□라면 사용한 일이 있어요."

"여자의 인원수를 모르므로 여자는 □명 있다고 하자. 그러면 여자의 합계 점수는 70×□명이 된다. 또 학급의 인원수는 남자

가 15명이고 여자가 □명이므로 15+□명이 학급의 총 인원수가 된다. 학급의 평균 점수가 58점이니까 학급 전체의 총 득점은
(15+□)×58점
이라는 것이 될 것이다. 이 총 득점은 남자의 합계 점수와 여자의 합계 점수를 더한 것이므로
750+70×□=(15+□)×58
이 된다. □가 9 이하라면 우변이 커지고 □가 11 이상이라면 좌변이 커져 버린다. 양변이 똑같아지려면 □가 10일 때밖에 없다. 그래서 여자는 10명이라는 것을 알 수 있는 것이란다."

"어떻게든 안 것 같은 느낌이 듭니다."

"그래? 자, 이러한 문제는 어떠할까?[9] 에노토기오우트아기그누스 떨어져 있는 이웃 도시를 자동차로 떠났다. 갈 때는 길이 상당히 비어 있었으므로 에노루오에 키스아기그누스의 속도로 달릴 수 있었으나 돌아올 때는 마침 러시아워에 걸렸기 때문에 에노루오에 루오프아기그누스밖에 속력을 낼 수 없었다. 그러면 갈 때와 올 때의 전체 거리의 평균 속도는 에노루오에 몇 아기그누스였을까?"

이러한 식으로 출제를 하면 무슨 말인지 모를 것이기 때문에 이하 지구의 단위로 번역해서 언급하기로 하자.

"120킬로미터 떨어져 있는 이웃 도시를 자동차로 떠났다. 갈 때는 1시간에 60킬로미터의 속도로 달릴 수 있었으나 돌아올 때는 1시간에 40킬로미터밖에 속력을 낼 수 없었다. 왕복의 평균 시속을 구하라."라는 문제가 된다.

"이번에도 60킬로미터와 40킬로미터의 평균을 잡아서 50킬로미터라 해서는 아니 되는 걸까? 그러나 아까 인원수가 같다면 평

균치의 평균을 잡아도 된다고 말씀하셨잖아. 이번에는 왕복의 거리가 같으니까 평균을 잡아도 되지 않을까요?"

"무슨 소리를 하고 있는 거야? 그러한 편법을 터득해서 하려고 하는 것은 어설픈 병법이 부상의 원인이 되는 것과 같은 것이란다. 근본으로 되돌아가서 생각해야 하는 것이야. 평균 점수일 때는 총 득점을 인원수로 나누면 된다. 평균 속도의 경우는 전체 주행 거리를 소요된 시간으로 나누면 된다. 이렇게 평균 속도의 정의로 되돌아가서 생각하지 않으면 안된단다."

"갈 때 2시간 걸리고 돌아올 때 3시간 소요되었으므로 왕복 240킬로미터에 5시간 소요된 것으로 된다. 그래서 평균 속도는 1시간에 48킬로미터라는 것이 되나요?"

"그래, 그것으로 됐다. 같은 경향의 문제를 또 한 문제 출제하여 보자.[10]"

어떤 어린이가 가게를 봐달라는 부탁을 받았다. 가게 앞에는 2개에 50원 하는 상등품의 과일 60개와 3개에 50원 하는 싸구려 과일 60개가 진열되어 있다. 세분하여 파는 것이 번거로우므로 5개 한 무더기를 해서 100원에 팔기로 하였더니 즉각 전부 팔려 버렸다. 수입을 조사해 보니 2400원이다. 그런데 최초의 예정은 상등품의 과일 쪽에서 1500원의 수입, 싸구려 과일 쪽에서 1000원의 수입 합계 2500원의 수입이 되어야 하는 것이었다. 그것이 100원 모자라는 것은 어째서일까?"

"……"

"상등품 과일 2개와 싸구려 과일 3개를 세트로 하면 정확히 20조 만들 수 있다. 이 세트를 각각 100원에 파는 것이라면 최초와 같다. 그러나 나중에 상등품 과일만이 20개 남아 있다. 이것들은 전부 해서 500원의 값어치가 되는데 5개씩 합쳐서 100원에 팔면 400원밖에 되지 않는다. 결국 상등품의 과일만 5개씩 세트로 하여 싸구려도 포함된 값 100원에 팔았기 때문에 총액 100원의 손해를 보는 것이다."

조끼의 요술

줄곧 수학 문제만 시켜 왔기 때문에 한숨 돌리기 위해 내가 입고 있는 조끼를 사용한 요술을 해보이기로 하였다. 이 나라 사람들은 머리가 크고 옷도 짧기 때문에 이러한 요술을 잘 할 수 있는지 어떤지는 모르지만……. 내가 입고 있던 조끼는 그림처럼 앞을 단추로 잠그고 있고 소매는 붙어 있지 않다. 내가 양손을

이 부리로부터 끄집어 낸다

앞으로 맞잡은 채로 있을 때 이 맞잡은 손을 떼지 않고 이 조끼를 뒤집어 입혀 주기를 바란다라는 문제이다(러닝 셔츠를 뒤집어라 하는 편이 마음 편한 문제가 될지도 모른다).

맞잡은 양손을 위로 올리게 하고 조끼를 들어 올려서 머리로부터 벗겨서 맞잡은 손의 부분까지 가져간다. 한쪽의 소맷부리로부터 조끼를 끼워 넣으면 조끼는 뒤집힌다. 이것은 뒷짐 결박된 사람의 셔츠를 뒤집어 줄 때도 사용할 수 있다.

이번에는 신사복 안에 입고 있는 앞에서의 조끼를 신사복을 입은 채로 조끼만을 벗겼으면 하는 문제이다.

이 문제에서는 소맷부리가 상당히 낙낙하고 약간 얇은 조끼가 아니면 안되고 앞도 벌릴 수 있는 조끼가 아니면 무리다.

먼저 조끼의 앞단추를 풀고 왼쪽 팔을 조끼의 왼쪽 소매에 끼워 넣는다(이 때 소맷부리가 큰 조끼가 아니면 안된다). 조끼의 소맷부리로부터 신사복의 왼쪽만을 밖으로 끌어낸다. 왼쪽 어깨에 나와 있는 조끼를 등 쪽으로 옮겨서 오른쪽 어깨까지 가져간다. 오른쪽 어깨를 그 왼쪽 소맷부리에 넣는다. 손을 빼서 신사복의 오른쪽을 조끼의 왼쪽 소맷부리로부터 밖으로 낸다. 조끼를 오른쪽 어깻부들기의 부분으로 모아서 신사복의 오른쪽 소매 속에 조끼를 밀어 넣는다(이때 조끼가 얇지 않으면 어렵다. 또는 신사복의 소매가 헐렁거리는 것이라도 좋다). 신사복의 오른쪽 소맷부리로 부터 조끼를 빼버리면 끝이라는 것이다.

또 한 가지, 끈과 조끼가 얽힌 요술을 해보이자. 이번에는 신사복은 벗고 조끼를 입은 상태면 된다(이 조끼는 앞이 열리지 않는 편이 좋다). 1미터 정도의 끈을 고리로 만들어 오른팔에 걸친다. 그리고 손 끝은 조끼의 주머니 속에 쑤셔 넣는다. 그러면 이 끈

제2장 이미 아는 패러독스   65

조끼의 단추를 푼다

화살표 방향으로 오른쪽 어깨까지 조끼를 옮긴다

오른쪽 소맷부리로부터 밖으로 낸다

왼팔을 조끼의 소맷부리로부터 밖으로 낸다

신사복을 조끼의 소맷부리로부터 밖으로 낸다

조끼의 소맷부리로부터 신사복을 낸다

신사복의 오른쪽 소매에 조끼를 밀어 넣고 소맷부리로부터 끄집어 낸다

오른쪽 어깨의 스웨터의 아래를
끼워 넣어 목에 건다

왼쪽 어깨의 스웨터의 아래로
끼워 넣는다

스웨터의 아래로부터
아래로 내린다

제2장 이미 아는 패러독스 67

을 풀지 않고 또 오른손을 조끼에서 떼지도 않으면서 이 고리를 벗겼으면 하는 것이 문제다.

고리를 조끼의 오른쪽 소맷부리로부터 넣어 고리 채로 목에 걸고 다시 한번 조끼의 왼쪽 소맷부리를 끼워 넣어 왼쪽 겨드랑이의 아래로 끈을 낸다. 그러면 고리는 모두 조끼의 아래에 있으므로 아래로 옮겨 가면 발 밑까지 고리가 떨어지게 된다. 이것으로 끝이다.

이러한 요술은 우애원의 어린이들을 상대로 해보인 것이다. 요시 군이나 유치 군을 상대로 요술을 하고 있으면 우애원에 있을 때와 같은 착각에 사로잡힌다. 치에 양이 없는 지금 나를 찾으려고 하는 사람은 아무도 없다고 생각하고 있었지만 혹시 우애원의 어린이들이 내가 없어진 것을 슬퍼하고 있는지도 모른다라는 생각이 들게 된 것이다. 천애고독, 자기 혼자라는 것은 없는 것이다. 결국은 여러 사람들과의 관계 속에서 살고 있는 것이다라고 생각돼서 견딜 수 없었다. 이성인(異星人)의 어린이들과의 교류에 의해서 지구에서의 인간 관계가 회상(回想)되어 오히려 고독하지는 않다는 감정을 갖게 된다는 것은 참으로 얄궂은 것이다. 사람들을 만날 수 없게 돼서 비로소 사람의 마음을 알 수 있게 된 것이다.

매직 수첩

우애원의 어린이들에게 인기가 있었던 것은 '매직 수첩'이었다. 수첩을 여는 방법에 따라서 두 가지의 면이 나타나는 불가사의한 수첩이다. 요시 군이나 유치 군은 솜씨가 서투르므로 내가 거들어 주지 않으면 여간해서 잘 만들 수 없지만 손작업을 함께 함으로써 말만으로는 통할 수 없는 마음의 교류를 가질 수 있었다.
　매직 수첩을 만드는 방법을 설명하자. 먼저 준비할 것은

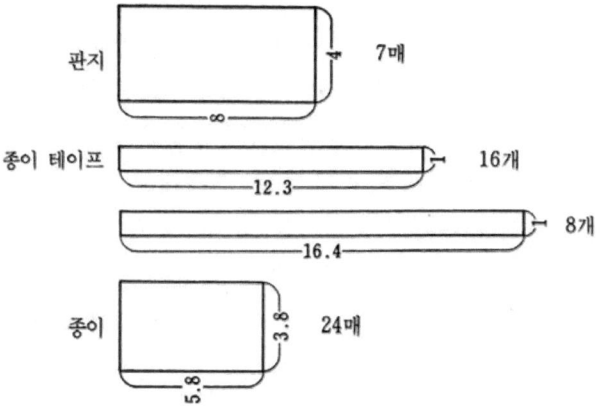

　이 24매를 ㄱ(2매), ㄴ(6매), ㄷ(6매), ㄹ(6매), ㅁ(6매)의 5종류로 나눈다. ㄱ의 2매는 표지, 나머지의 각각의 6매는 열었을 때 같은 면으로 나오는 것이므로 6매씩 4종류로 나누어 두면 좋다. 예컨대 어떤 6매에는 남자 배우의 브로마이드를 붙이고 그 밖의 6매에는 여자 배우의 브로마이드를, 또 1종의 6매에는 자동차를, 나머지 6매에는 비행기라는 식으로 해둔다. 외관상 예쁘게 하기 위해서는 6매씩 4종류의 색종이를 붙여 두면 연출 효과가 올라갈 것이다.
　먼저 7매의 두꺼운 종이에 종이 테이프를 붙인다. 긴 종이 테이프는 가장 위와 가장 아래에만 사용하고 한가운데는 짧은 종이 테이프를 사용하기로 한다. 또 양끝에는 종이 테이프를 A형으

A형(● 부분 풀칠)

양끝의 테이프를 감아 붙이는 방법 (옆면에서 본 그림)

B형(● 부분 풀칠)

가운데 2개의 테이프를 감아 붙이는 방법 (옆면에서 본 그림)

로 붙여 가고 한가운데의 2개는 B형으로 붙여 간다.

다음으로 24매의 종이를 붙여 가는 것인데 B의 종이 테이프 위에만 풀칠을 하여 종이를 붙인다. 가장 위에 표지 ㄱ을 붙이고 아래 6매에 ㄴ을 붙인다. 그 이면의 위 6매에 종이 ㄷ을 붙이고 가장 아래에 표지 ㄱ을 붙인다.

ㄱ의 위쪽을 잡고 교대로 접어 개어 간다. 이번에는 ㄱ의 반대측을 잡고 들어 올려 가면 불가사의하게도 표지 ㄱ만을 제외하고 그 밖은 아직 종이를 붙이지 않은 면이 나타난다. 이들 6매에 ㄹ을 붙이고 그 이면에 ㅁ을 붙인다.

이것으로 완성이다. 앞에서도 언급한 것처럼 사진이나 그림을

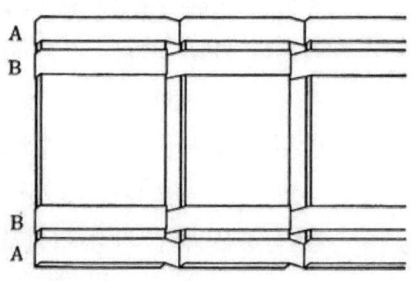

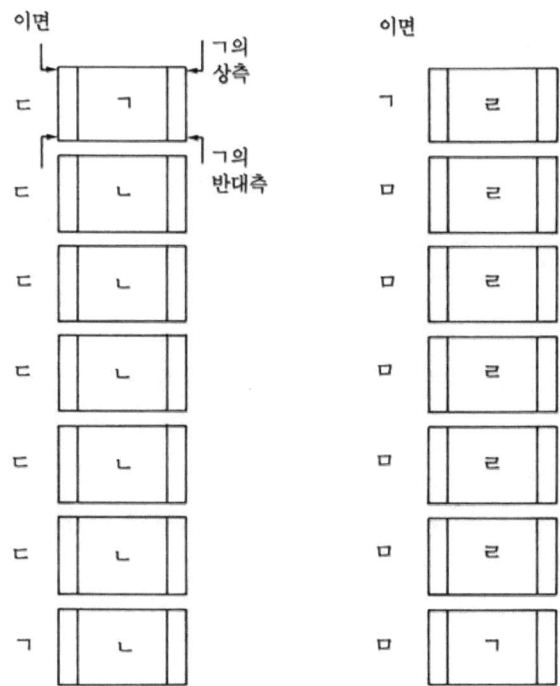

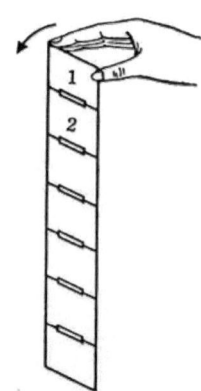
붙여서 사람들을 깜짝 놀라게 하는 것도 좋고 수첩으로 사용하는 것도 좋을 것이다. 또 접어서 갤 때 작은 종이를 끼워 두고 반대쪽을 들어 올리면 종이는 안에 숨겨져 없어져 버린다. 어린이들이 깜짝 놀라는 것은 확실하다. 이 경우 24매의 종이는 어느 것도 구별이 되지 않도록 해두는 편이 효과적일 것이다.

또 ㄱㄴㄷㄹㅁ을 모두 틀린 색종이를 붙여 놓은 경우 가장 위의 표찰의 윗 부분을 잡고 아래로 늘어 뜨린다. 이번에는 손을 그림의 화살표 방향의 앞쪽으로 기울여서 1의 면과 2의 면을 달라 붙게 하는 것처럼 하면 표찰은 우루루 떨어져 가서 표찰의 색이 예쁘게 바뀌어 간다.

앞에서는 두꺼운 종이 7매를 만드는 방법을 설명해 두었는데 $2n+1$매의 두꺼운 종이를 사용할 때는 짧은 종이 테이프가 $8(n-1)$개 소요된다. 긴 쪽은 언제나 8개만으로 된다. 또 붙이는 종이는 표지의 ㄱ은 항상 2매, 그것 이외는 어느 것도 $2n$매 준비해 두면 된다. 거듭 두꺼운 종이의 크기를 세로 h, 가로 k로 바꾸고자 할 때는 짧은 종이 테이프의 길이는 $3k+0.3$으로 하고 긴 종이 테이프의 길이는 $4k+0.4$로 하면 될 것이다(종이 테이프의 폭은 언제나 1로 하였다). 이때 붙이는 종이의 크기는 세로가 $h-2.2$이고 가로는 $k-0.2$가 된다.

나머지는 실제로 자기가 만들어서 놀아 보는 것이다. 매직 수첩의 불가사의함에 매료될 것이다.

〈주〉

(1) 캐나다의 P.페터슨의 작품으로 그림의 위 절반의 좌우를 바꿔 넣으면 15명의 소인(小人)이 14명으로 줄어 버려 1명의 소인이 어딘가로 사라져 버린다는 것.

(2) 이 안의 양탄자의 문제는 모두 19세기 중반부터 잘 알려져 있는 퍼즐인 것 같다(조금씩 변화는 있지만). 특히 넓이 64의 정사각형이 넓이 65의 직사각형으로 되는 퍼즐은 유명하다.

(3) 피보나치 수열이라 일컬어지고 있다.

(4) 최초의 유산 분배의 문제는 인도에 발생원(發生源)을 갖는 문제인 것 같다. 17마리의 낙타를 2분의 1, 3분의 1, 9분의 1씩 3명에게 나누라는

문제이다.
(5) 시의 형식으로 낸 유언의 문제는 중세의 보에티우스의 책에 있다.
(6) 듀도니 『퍼즐의 임금님』의 38번이 이 종류의 퍼즐의 출전(出典)이다.
(7) 「쓰보칸(壺勘)」이라는 만담
(8) 노드롭 『불가사의한 수학』
(9) 듀도니 『퍼즐의 임금님』의 67번
(10) 중세 유럽의 책 『마음을 민첩하게 하는 문제집』(알킨 지음)

제3장

스스로 터득하는 패러독스

유치 군은 동생인 요시 군 이상으로 촐랑대고 너무 깊게 생각하지 않고 반사적으로 바로 대답해 버리는 버릇이 있다. 그러나 그만큼 머리의 회전이 빠르고 머리는 좋은 것 같다. 반면 손발을 움직이는 것은 서툴러서 언제나 입만 놀리고 있다. 퀴리그 별 사람들 모두에 대해서 말할 수 있는 것이지만 지껄이기 좋아하고 이치로 따지기를 좋아한다. 책만으로의 지식이 많고 실제의 것과 결부된 이치는 적은 것처럼 생각된다. 그러한 의미에서 요시 군이나 유치 군에 대해서는 손으로 만들어 실제로 확인하는 수학적 지식을 많이 채용하기로 하였다. 내가 진작부터 생각하고 있던 실험수학, 체득적(體得的) 수학을 실행해 보려고 생각한 것이지만 이 아이들은 손을 움직여서 하는 수학에 대한 경험이 없는 데다가 솜씨가 서툴러서 좀처럼 잘 되지 않았다.

뫼비우스의 띠
유치 군에게는 내가 중학생 시절 학교에서 배운 일이 있는 뫼비우스[1]의 띠에 대해서 사고시키기로 하였다. 가늘고 긴 테이프를 보여 주고
"이 테이프에는 틀림없이 표면과 이면이 있어 표면에서 이면으로 따라가려 하면 아무리 해도 테이프의 가장자리를 타고 넘어가지 않으면 안된다. 그런데 이 테이프를 잘 연결하여 표면에서 이면으로 원만하게 진행시켰으면 하는 것이다. 어떻게 연결하면 되는 것일까?"
유치 군은 즉석에서 반응했다.
"알고 있어요, 알고 있어요. 표면과 이면을 반대로 붙여 주면 되잖아요."

제3장 스스로 터득하는 패러독스 75

  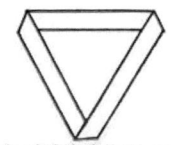

한 번 비틂   그것을 납작하게 누른 그림

라고 하면서 위의 그림처럼 한 번 비틀어서 한쪽의 끝의 표면과 다른 쪽의 끝의 이면을 풀로 붙였다(이 띠 및 이것을 거울에 비춘 형태의 띠를 뫼비우스의 띠라 한다).

"확실히 네가 한 대로도 괜찮아. 그러나 네가 한 것은 테이프를 한 번 비틀고(180도 비틂) 있는데 또 다른 방법으로는 할 수 없을까?"

"두 번 비트는 것으로는 표면과 표면이 만나게 되므로 3회 비틀면 되지요. 앗, 5회 비틀어도 되니까 홀수회 비틀어도 될 것 같다."

"좋아, 훌륭해. 제법 예리하구만. 홀수회 비틀어서 붙인 도형은 어느 것도 표면과 이면의 구별이 되지 않으므로 면은 하나밖에 없고 가장자리도 하나밖에 없는 기묘한 곡면으로 되어 있다. 비틀지 않은 경우도 포함해서 짝수회 비틀어서 붙인 도형은 표면과 이면의 구별이 있으므로 면이 2개이고 가장자리도 좌와 우의 구별이 있어 2개라는 것을 알 수 있을 것이다. 그런데 이제부터 문제란다. 이 한 번 비튼 띠의 한가운데(다음 페이지 그림에서의 점선)를 가늘고 길게 절단해 가면 어떠한 띠가 만들어질까?"

"절반으로 자르는 것이겠지요. 띠가 2개 뿔뿔이 될 것 같은 기분이 들지만……."

"한가운데의 점선의 오른쪽의 위쪽을 따라가면 한바퀴 돌았을 때 어디에 오는 것일까?"

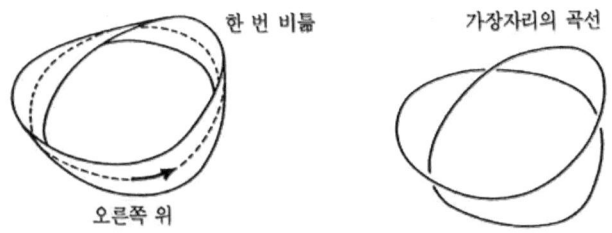

"저어, 위를 따라가면 아래로 오는 것이었던가요?"
"그렇다. 오른쪽 가장자리를 따라가면 한바퀴 돌았을 때는?"
"어느새 왼쪽의 가장자리로 와 있다. 그래서 점선의 오른쪽의 위쪽을 따라가면 점선의 왼쪽의 아래로 와 버리지요."
"잘 됐어. 그러면 점선을 따라 절단해 갔을 때 2개로 나뉘어지는 건가?"
"점선의 오른쪽 위와 왼쪽 아래가 연결되어 있다는 것은 1개의 띠로 되어 있는 것이지요."
"그렇다. 어떠한 띠로 되어 있는지 점선의 왼쪽 아래로부터 따라가 보렴."
"왼쪽 아래로부터 따라가면 오른쪽 위로 되돌아 온다. 이러한 것은 오른쪽 아래 따위는 지나지 않으므로 이 테이프에는 표면과 이면의 구별이 있다는 것이 된다. 그럭저럭 두 번 비튼 1개의 띠가 되어 있는 것 같군."
"그러면 한 번 비튼 테이프를 실제로 만들어 보고 한가운데로부터 절단해 봐."
 폭 5센티미터, 길이 50센티미터 정도의 띠를 만들게 하고 한 번 비튼 띠를 만들도록 하였다. 한가운데를 잘라서 보면 확실히 두 번 비튼 것 같은 띠가 만들어져 있다. 그때의 유치 군의 눈의

제3장 스스로 터득하는 패러독스 77

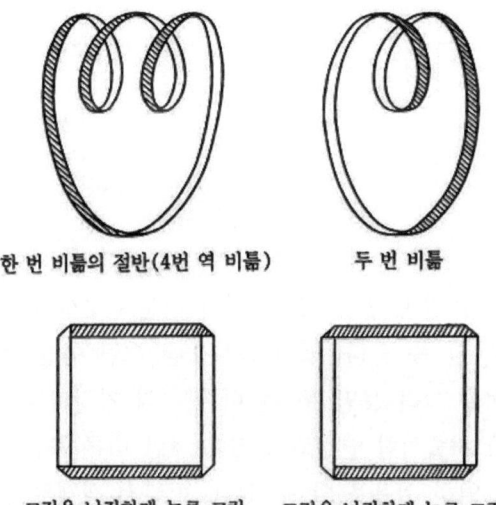

한 번 비틂의 절반(4번 역 비틂)   두 번 비틂

그것을 납작하게 누른 그림   그것을 납작하게 누른 그림

빛남은 대단한 것이었다. 사고 실험에 의해서 얻은 결과와 실제로 실행해 보았을 때의 결과가 일치하였을 때의 기쁨은 굉장한 것이다. 이것이 책만으로부터의 지식과 체득적 지식과의 근본적인 차이점이라 할 수 있을 것이다.

"이것은 확실히 두 번 비튼 띠로 되어 있는 것 같지만 테이프를 두 번 비틀어서(360도 비틂) 실제로 만든 것과 비교해 봐."

실제로 만들어서 두 번 비튼 띠는 고리를 2개 만들어서 매달아 보면 예쁘게 늘어뜨려지지만 한 번 비튼 것의 절반으로 한 띠는 고리를 3개 만들지 않으면 잘 늘어뜨려지지 않는다(고리가 2개라면 아직 비틀어져 있다). 실제는 이 한 번 비튼 것의 절반은 역으로 4번 비틀어서 붙인 것으로 되어 있었던 것이다.

"그러면 이 두 번 비튼 띠나 4번 비튼 것을 또 한번 한가운데의 선을 따라서 잘라 가면 어떻게 될까?"

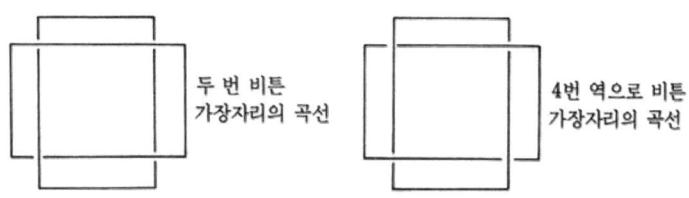

두 번 비튼
가장자리의 곡선

4번 역으로 비튼
가장자리의 곡선

 이번에는 종이에 안팎이 있는 것이므로 한가운데로 잘라 가면 오른쪽 절반과 왼쪽 절반으로 나뉘기 때문에 2개의 고리가 만들어지는 것은 알 수 있다. 납작하게 누른 그림 쪽을 보면서 가장자리의 곡선을 그려 보면 두 번 비튼 쪽의 가장자리의 곡선은 2개의 곡선이 사슬처럼 연결되어 있다. 4번 비튼 쪽은 2개의 곡선이 2중으로 얽혀 있음을 알 수 있다. 따라서 실제로 절반으로 잘라 보면 2개의 고리가 사슬처럼 서로 얽혀서 뿔뿔이 흩어지지는 않을 것이다(다음 페이지의 그림).

 "점점 어려워지는데 세 번 비튼 띠를 절반으로 하면 어떻게 될까?"

 먼저 세 번 비튼 띠의 그림과 그 납작하게 누른 그림을 그려 두자. 이 세 번 비튼 띠는 안팎의 구별이 없으므로 오른쪽 위로부터 더듬어서 일주하면 왼쪽 아래로 오는 것을 알 수 있으므로 1개의 고리가 될 것 같다는 것은 확실히 알 수 있고 그 고리는 안팎의 구별이 될 것이라는 것도 이해할 수 있을 것이다. 가장자리의 그림을 그려 보면 79페이지의 그림처럼 연결되어 있다.

 실제로 세 번 비튼 띠를 절반으로 잘라 보면 80페이지의 왼쪽 가운데의 그림처럼 매듭이 있는 1개의 고리(3륜 마크)로 되어 있다.

 이제까지 한 번 비틂, 두 번 비틂, 세 번 비틂, 네 번 비틂의

제3장 스스로 터득하는 패러독스 79

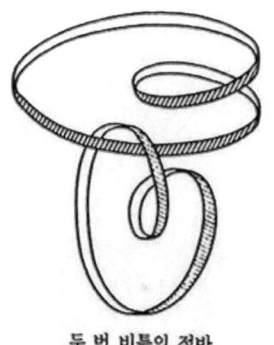

두 번 비틂의 절반

세 번 비틂

그것을 납작하게 누른 그림

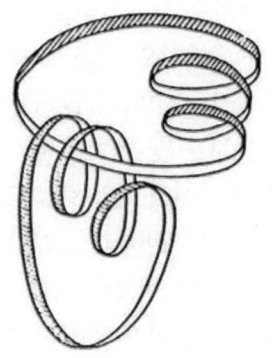

네 번 역비틂의 절반

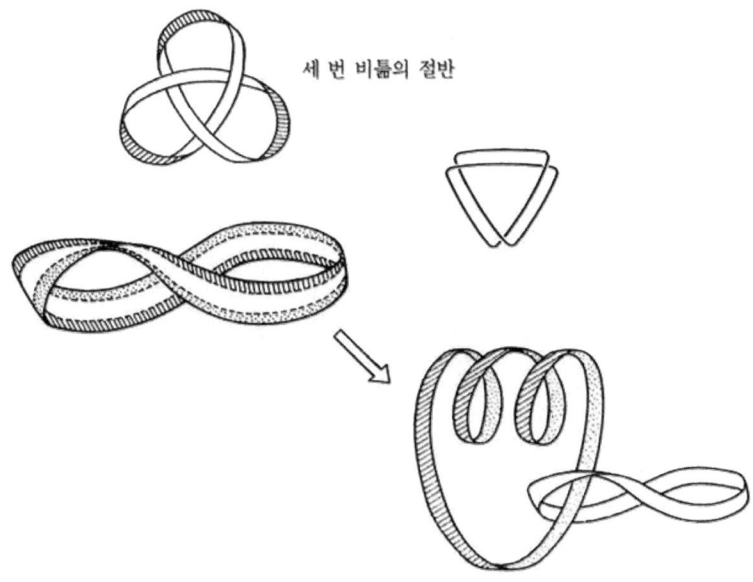

세 번 비틂의 절반

 띠를 한가운데에서 둘로 나누는 것을 생각해 왔다. 다섯 번 비틂 이상에 대해서도 마찬가지의 것을 생각할 수는 있지만 여기서는 이것 이상 생각하지 않기로 한다. 그 대신 띠를 3등분하면 어떻게 되는지를 생각해 보자. 짝수 비틂의 것을 3개로 나누려고 해도 한 바퀴에서 원래로 되돌아오기 때문에 2개로 나누었을 때와 마찬가지로 돼버린다. 그런데 홀수 비틂의 띠를 3등분하면 두 바퀴 돌았을 때 비로소 원래로 되돌아오기 때문에 이제까지와는 틀린 것이 만들어져야 할 것이다. 예컨대 한번 비튼 띠를 3등분하면 재미있게도 원래의 띠에 비하여 폭은 3분의 1, 길이는 같은 한 번 비튼 띠와, 폭이 3분의 1이고 길이는 2배인 네 번 비튼 띠가 사슬처럼 연결된 것이 만들어진다.
 세 번 비튼 띠를 3등분하면 세 번 비튼 띠를 절반으로 했을 때

에 만들어지는 3류 마크에 세 번 비튼 띠
가 매달린 것이 만들어진다.

2매의 테이프를 서로 겹쳐서 그것을 1
매의 테이프처럼 취급하여 한 번 비틀어(180도 비틂) 끝과 끝을
서로 연결시킨다. 이렇게 하면 2매의 한 번 비튼 띠(뫼비우스의
띠)를 조합시킨 것 같은 것이 만들어진다. 실제로 양쪽의 띠의
틈새기에 손가락을 넣어 둘레를 따라 손가락을 움직여 보면 출발
점으로 되돌아오므로 2매의 별개의 띠인 듯 하다고 생각된다. 양
쪽의 띠의 사이를 기어가는 개미를 생각해 보면 이 개미는 하나
의 띠 위를 다른 띠에 등을 비비면서 기어가는 것이 된다. 개미
가 마루에 마크를 해두고 재차 이 마크에 당도할 때까지 띠의 사
이를 돌기로 한다. 1회전 했을 때 마크는 마루에는 없고 천정 쪽
에 붙어 있다. 마크를 재차 마루 위에서 발견하기 위해서는 띠의
사이를 다시 1회전 하지 않으면 안된다. 실은 마루와 천정과는
하나의 면을 이루고 있었던 것이다. 2매의 한 번 비튼 띠를 서로
겹친 것처럼 보였던 것은 실은 1매의 큰 띠였던 것이다. 풀어 보
면 네 번 비튼 1매의 띠에 지나지 않는다.

 2매의 테이프를 겹쳐서 짝수회 비틀어 두고 밀착시켜 보면 짝
수회 비튼 2개의 띠가 사슬처럼 서로 얽혀 있는 것이 만들어진
다. 2매의 테이프를 겹쳐서 홀수회 비틀어 두어 밀착시킨 것은
그 홀수회 비튼 테이프를 절반으로 나누었을 때에 만들어지는 것
과 같은 타입의 것이 만들어진다.

초등기하에서의 가짜 증명
 이 나라의 수학 교육에서도 초등기하학을 중학교에서 가르치고

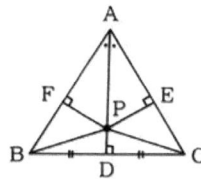

있어 유치 군도 삼각형의 합동이나 닮음 등에 관한 여러 성질을 잘 알고 있었다. 계산 문제보다도 이러한 논증적인 수학 쪽을 중요시하고 있는 것 같았다. 그렇다면 내가 중학생 때 배웠던 패러독시칼한 가짜 증명을 보여 주고 그 오류를 지적시켜 보는 것도 무익하지는 않을 것이라고 생각하였다.

"어떠한 삼각형도 이등변삼각형이다. 이러한 것을 증명할 수 있단다."

"그런 바보 같은."

"그렇게 생각하겠지. 그러나 그것을 증명할 수 있단다. 그러한 바보 같은 것이라고 생각한다면 그 증명의 어디에 오류가 있는지를 지적해 보아라. 만일 네가 그 오류를 지적할 수 없다면 그 바보 같은 정리를 너는 인정하지 않을 수 없게 된다. 그렇다는 것은 네 자신이 바보라는 증명으로도 된다."

"화가 나는데요. 증명인지 뭔지를 해보여 주세요."

"괜찮겠어? 임의의 삼각형 ABC를 그리고, 각 A의 2등분선과 BC의 수직 2등분선의 교점을 P라 한다. P에서 BC, CA, AB에 내린 수선의 밑부분을 각각 D, E, F라 한다. △APE와 △APF에 있어서 2개의 각이 같고 하나의 변 AP가 공통이므로 두 삼각형은 합동이 된다."

"그래요. 거기까지는 괜찮은 것 같아요."

"따라서 PE와 PF는 똑같고 AE와 AF도 똑같다. 다음으로 △PBD와 △PCD에 있어서 BD와 DC는 똑같고 PD는 공통이다. 더구나 그들 두 변이 끼는 각은 직각으로 똑같다. 그러므로

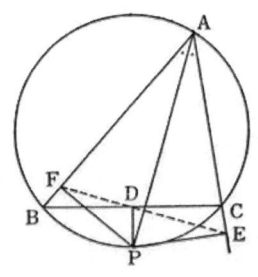

"△PBD와 △PCD는 합동이다."
"흥."
"그러면 PB와 PC는 똑같다. △PBF와 △PCE는 모두 직각삼각형이고 빗변과 나머지의 1변이 같으므로 합동이다."
"……"

"따라서 FB와 EC는 똑같다. 똑같은 두 변을 더한 AB와 AC도 똑같게 된다. 그래서 △ABC는 이등변삼각형이다."
"……"
"어떠한가, 어디가 이상하지?"
"직각삼각형일 때는 빗변과 한 변이 같은 것만으로 합동이 되는 것이었잖아……. 어디도 이상한 부분이 없어. 그러나……"
"항복인가?"
"남의 별나라 사람에게 바보 취급을 당하다니……. 꿍, 약이 오른다."
"말끔한 그림을 그려 봐."
"뭐요, 그림이 나빠요? 그러고 보니 그림이 나쁘기 때문에 잘못된 결과가 나오는 일이 있다고 배운 적이 있어."
 유치 군은 그림을 말끔히 고쳐 그렸다. 좀처럼 정확한 그림은 잘 그릴 수 없었지만 아무튼 교점 P는 삼각형의 밖에 생기는 것 같다는 것을 밝혀 냈다.
"협잡이야, 잘못된 그림을 그려서 증명을 하다니."
 이 증명으로 AF와 AE가 같다는 것과 BF와 CE가 같다는 것까지는 틀림없다. 이것들을 더하여 AB와 AC가 같다는 것이 성

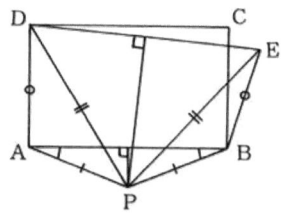

립한다라고 한 부분이 잘못되어 있다.

"겁이 나지. 그림이 틀리면 이러한 결과가 나오는 것이니까."

"확실히 교과서에도 나와 있었어요. 잠깐 기다려요."

라 말하고 교과서를 가지고 왔다.

"아, 이거야. 직각은 둔각과 똑같다는 것을 증명해 보이라고 하는 것입니다. 잘못을 발견할 수 없으면 자기가 바보라는 것을 증명한 것이 된다. 유쾌해요."

조금전의 보복을 할 작정인 것이다. 유치 군은 히죽히죽하면서 혼자 기뻐하고 있다.

"교과서의 그림을 보면서 읽어 볼께요. 직사각형 ABCD를 그리고 BC=BE가 되는 것 같은 점 E를 그 직사각형의 바깥쪽에 잡습니다. AB 및 DE의 수직2등분선의 교점을 P라 합니다. P는 수직2등분선상에 있으므로 PA와 PB는 같고 또 PD와 PE도 같다는 것을 알 수 있습니다. BE는 BC와, 따라서 AD와 같은 셈이니까 △APD와 △BPE는 세 변이 같아져 합동입니다. 따라서 각 PAD와 각 PBE는 같아집니다. 그런데 각 PAB와 각 PBA는 같은 것이므로 이 같은 각을 빼면 각 BAD가 각 ABE와 같다는 것이 됩니다. 각 BAD는 직각이고 각 ABE는 둔각이었으므로 직각은 둔각과 같다는 것이 증명된 것으로 된다라는 것입니다."

"이것도 이등변삼각형 때와 잘 닮고 있네. 아마 정확한 그림을 그리면 △PBE는 직사각형의 밖으로 나오는 것이 아닌가?"

"그렇습니다. 역시나군요. 교과서에 또 한 문제가 나와 있으니까 내볼까요?"

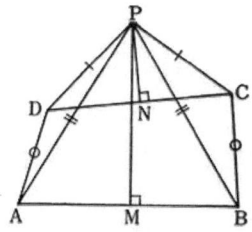 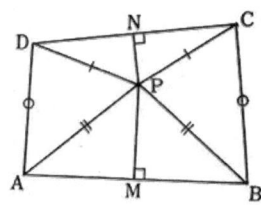

"자, 어떠한 문제지?"

"사각형의 맞변이 같으면 그 밖의 맞변은 평행이 된다는 것입니다. 이번에도 교과서의 그림을 보면서 증명을 보기로 합니다. 맞변 AD와 BC가 같은 사각형 ABCD가 있습니다. AB 및 CD의 수직2등분선의 교점을 P라 합니다. 이번에는 트집잡히지 않도록 P가 사각형의 밖에 있을 때와 사각형의 안에 있을 때의 2개의 그림이 그려져 있어요. 그러나 어느쪽의 경우도 △PAD와 △PBC는 세 변이 같아져 합동입니다. 그러면 각 PDA는 각 PCB와 같다. 그런데 각 PDC와 각 PCD는 같으므로 이것들을 더하거나 빼거나 하면 각 CDA가 각 DCB와 같은 것이 됩니다. 마찬가지로 하여 각 DAB와 각 CBA도 같다는 것을 알 수 있습니다. 이들 4개의 각의 합은 4직각이므로 각 CDA와 각 DAB의 합은 2직각이 되고 DC는 AB와 평행이 됩니다."

"이 문제도 앞에서의 직각=둔각일 때와 마찬가지군. 정확한 그림을 그리면 △PAD나 △PBC의 어느쪽이든 한쪽만은 사각형 ABCD의 밖으로 나갈 것이야. 그러면 각 PDA와 각 PCB가 같고 각 PDC와 각 PCD가 같다는 것까지는 성립하였다 하더라도 각 CDA와 각 DCB가 같다라는 결론은 유도할 수 없게 돼버린다."

"잘 하셨습니다."

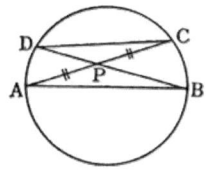

"고마워. 자 이쪽에서 답례를 해두지. 원의 중심을 지나지 않는 현은 지름과 같아진다는 것이다."

"헤, 어차피 또 잘못된 그림을 그리는 것이겠지요."

"아니야, 이번에는 그림 탓이 아니야. 지름 AB가 그려져 있는 원둘레 위에 1점 C를 잡고 AC의 중점을 P라 한다. 직선 BP와 원의 교점을 D라 하자. △PAB와 △PCD에 있어서 각 PBA와 각 PCD는 같다. 같은 호 위에 서는 원주각은 같다는 정리를 알고 있겠지."

"알고 있어요. 확실히 말이지요. 마찬가지로 각 PAB와 각 PDC도 같다."

"그렇다. 이해가 빠르네. 2개의 삼각형의 3개의 각은 서로 모두 같아진다. 그런데 1개의 변 PA와 PC는 같은 것이므로 두 삼각형은 합동이다. 따라서 현 CD는 지름 AB와 같다."

"어! 정말, 어떻게 돼있는 거지?"

"서두르지 말고, 차분히 합동 조건을 검토해 봐."

"3개의 각은 확실히 전부 같지요."

"그렇단다."

"하나의 변은 같으니까 2개의 각과 끼는 각이 같으니까 합동이지요."

"정말?"

"뭐요! 각이 전부 같고 하나의 변이 같은데도 합동이 아니라구요?"

"그렇단다."

"미다 씨가 있는 나라의 별에서는 그러한가요?"
"아니, 퀴리그 별에서도 그러한 거야."
"틀림없이 합동 정리를 배웠어요."
"그 합동 정리에 맞고 있는지 어떤지를 정확히 조사해 보렴."
"△PAB와 △PCD에 있어서 PA와 PC는 같다. 각 PBA와 각 PCD는 같다. 앗, 대응하는 각 PAB와 각 PCD는 아니네! 대응하는 변과 그 끼는 각이 같은 것은 아니다. 그러니까 2개의 삼각형이 합동이라고는 말할 수 없는 거야."
"그렇겠지. 3개의 각과 한 변이 같다고 해서 합동이라고는 할 수 없는 거란다. 대응하는 변과 각이 아니면 말이지."
"아, 졌다, 졌어."

대수에서의 가짜 증명

유치 군은 이미 대수를 배우고 있고 문자 기호를 사용한 계산도 잘하는 것 같았다. 대수에서의 가짜 증명을 몇 가지 보여주고 그 오류의 원인을 밝히도록 하였다.
"2가 1과 같다는 것을 증명해 보여라."
"그러한 것이 성립할 리가 없겠지요! 자, 해보세요."

$a = b$라 한다.
양변에 a를 곱하여
$$a^2 = ab$$
양변에서 b^2을 빼면
$$a^2 - b^2 = ab - b^2$$
양변을 인수분해하여

$(a-b)(a+b)=(a-b)b$

양변을 $a-b$로 나누면

$a+b=b$

원래 $a=b$였으므로

$a+a=a$

$2a=a$

양변을 a로 나누면

$2=1$

"이러한 문제의 잘못이라면 바로 알 수 있어요. 두 변을 $a-b$ 로 나누고 있는 부분이 잘못된 것이지요. a와 b는 같으므로 $a-b$ 는 0이지요. 0으로 나눠서 안된다는 것은 언제나 선생님이 말씀 하시고 계신걸요."

"그거 훌륭해. 그러나 또 하나의 잘못된 부분이 있지."

"저어, 앗, 그래. 두 변을 a로 나누고 있는 부분도 잘못되었네. $2a=a$로부터 결론을 얻는 것은 $a=0$이라는 것이지요."

"그러면 다음과 같은 문제도 너는 바로 잘못을 알 수 있을꺼야."

$a>b$라 하면

$a=b+c$라 둘 수 있다.

양변에 $a-b$를 곱하여

$a^2-ab=ab+ac-b^2-bc$

ac를 좌변으로 옮겨서

$a^2-ab-ac=ab-b^2-bc$

양변을 인수분해하면

$$a(a-b-c) = b(a-b-c)$$

양변을 $a-b-c$로 나누면

$$a = b$$

"이것은 같지 않은 두 수를 잡으면 같아져 버린다는 증명이란다."
"이것도 나눗셈을 한 부분이에요. a는 $b+c$와 같으니까 $a-b-c$는 0이지요. 그 0으로 나누고 있는 것이니까 잘못이지요."
"대수 쪽은 제법 잘 하네. 그러면 기하의 문제를 내보자."

△ABC의 밑변 BC에 평행선을 긋고 변 AB, AC와의 교점을 각각 P, Q라 한다.

△APQ와 △ABC는 닮음이므로

$$\frac{AP}{PQ} = \frac{AB}{BC}$$

$$\therefore AP = \frac{AB \cdot PQ}{BC}, \quad \frac{BC \cdot AP}{PQ} = AB$$

이 두 식을 변변 뺄셈을 하여

$$AP - \frac{BC \cdot AP}{PQ}$$
$$= \frac{AB \cdot PQ}{BC} - AB$$

$$AB - \frac{BC \cdot AP}{PQ} = \frac{AB \cdot PQ}{BC} - AP$$

$$\frac{AB \cdot PQ - BC \cdot AP}{PQ}$$
$$= \frac{AB \cdot PQ - BC \cdot AP}{BC}$$

분자는 같으므로 분모도 같다.

$$\therefore\ PQ=BC$$

"이번에는 나눗셈을 하고 있지 않은 것 같은데."

"그런가. 마지막 부분은 어때?"

"분자가 같다면 분모도 같다라는 부분? 분자가 0이라면 분모가 같다라고는 말할 수 없지요. 처음의 닮음비로부터 생각하면 이 분자는 0인거야. 그렇고말고."

"같은 분자를 없애고 있다는 것은 두 변을 분자로 나누고 있다는 것이 되지. 그래서 0으로 나눠서는 안된다는 주의를 지키지 않은 잘못이라고 할 수 있지. 0으로 나누는 문제만 냈으니까 이번에는 별도의 문제를 내보자."

a와 b를 서로 다른 두 수라 하고 이 두 수의 평균값을 c라 둔다.
$$a+b=2c$$
양변에 $a-b$를 곱하면
$$a^2-b^2=2ac-2bc$$
양변에 $b^2-2ac+c^2$을 더하면
$$a^2-2ac+c^2=b^2-2bc+c^2$$
$$\therefore\ (a-c)^2=(b-c)^2$$
양변의 제곱근을 취하면
$$a-c=b-c$$
$$\therefore\ a=b$$

"줄곧 보아도 이상한 부분이 없으므로 마지막의 제곱근을 취하는 부분쯤이겠군. 앗, 그렇다.

$(a-c)^2=(b-c)^2$으로부터 $a-c=\pm(b-c)$
라 하지 않으면 안되었을 것이다."

"잘 알아차렸군. 플러스 쪽은 a와 b가 같아지기 때문에 안되고 마이너스 쪽은 최초의 식으로부터 바로 성립하는 것이었다. 다음의 문제도 바로 알아차릴지 모르지만 일단 내보자. 그것은 x가 $x+1$과 같다는 증명이다."

$$(x+1)^2 = x^2+2x+1$$
양변에서 $2x+1$을 빼면
$$(x+1)^2-(2x+1)=x^2$$
거듭 양변에서 $x(2x+1)$을 빼면
$$(x+1)^2-(2x+1)-x(2x+1)$$
$$=x^2-x(2x+1)$$
이번에는 양변에 $\dfrac{(2x+1)^2}{4}$를 더하면
$$(x+1)^2-(x+1)(2x+1)+\dfrac{(2x+1)^2}{4}$$
$$=x^2-x(2x+1)+\dfrac{(2x+1)^2}{4}$$
$$\left(x+1-\dfrac{2x+1}{2}\right)^2=\left(x-\dfrac{2x+1}{2}\right)^2$$
양변의 제곱근을 취하면
$$x+1-\dfrac{2x+1}{2}=x-\dfrac{2x+1}{2}$$
그러므로 $x+1=x$

"에두르는 증명을 하고 있지만 결국 제곱근을 취하는 부분이 잘못되었겠지요."

$$x+1-\frac{2x+1}{2}=\pm\left(x-\frac{2x+1}{2}\right)$$

 이 플러스 쪽은 아까처럼 잘못이 된다. 마이너스 쪽은 계산해 보면 좌변은 2분의 1이 되고 우변도 역시 2분의 1, 별다른 것도 없는 옳은 식으로 되어 있을 뿐이지요."
 "제법 잘 하네. 그러면 계통이 다른 문제를 내보자."

$a>b$인 2개의 양수 a, b를 취한다.
양변에 b를 곱하여
　$ab>b^2$
양변에서 a^2을 뺀다.
　$ab-a^2>b^2-a^2$
양변을 인수분해하여
　$a(b-a)>(b+a)(b-a)$
양변의 $b-a$를 없애면
　$a>b+a$ ················ ①
그런데 b는 양의 수이므로
　$b+a>a$ ················ ②
①, ②로부터
　$a>a$

 "이것도 바로 알 수 있어요. 두 변에서 $b-a$를 없앤 부분으로, $b-a$는 음의 수이므로 부등호의 방향을 반대로 하지 않으면 안되지요."
 "좋았어. 또 한 문제만 내보자."

---

a와 b를 양의 수라 하면

$a > -b,\ b > -b$

가 성립한다.

두 식의 양변을 곱하면

$ab > b^2$

양변을 b로 나누면

$a > b$

또 마찬가지로

$b > -a,\ a > -a$

의 두 식의 양변을 곱하면

$ab > a^2$

양변을 a로 나누면

$b > a$

즉

$a > b$ 동시에 $b > a$

"이 문제에서는 두 식의 양변을 곱한 부분이 잘못이에요. $1 > -2,\ 2 > -3$은 맞지만 두 식의 양변을 곱한 $1 \times 2 > (-2) \times (-3)$은 성립하지 않으니까 말이지요."

유치 군은 대수에서의 가짜 증명에 대해서는 바로 그 잘못을 발견할 수 있었다. 가짜 증명을 주고 그 잘못을 찾아내게 하는 것은 교육상으로도 의미가 있는 것이라고 생각된다. 옳은 지식을 습득시키는 경우 옳은 것을 그대로 가르치는 것보다도 잘못된 해답을 보이고 그 잘못의 원인을 밝히게 함으로써 옳은 지식을 습득시키는 편이 보다 효과적일 것이다.

불시시험의 이야기

유치 군에게 수학에서의 가짜 증명을 여러 가지로 사고시키고 있던 무렵의 어느날, 유치 군이 학교에서 재미있는 일이 있었다고 보고하였다[2].

"오늘 수학 시간의 일인데요. 수학 선생이 "다음 주에 불시시험을 본다."라 내뱉고 교실에서 나가려고 한 것입니다. 아이구 또 시험인가라고 생각하고 있었더니 시시한 이야기를 좋아하는 A군이 일어서서 "선생님, 불시시험이란 어떤 의미입니까?"라고 물은 것입니다. 모두가 또 시작됐구나 생각하면서 와 하고 웃었습니다. 선생님도 약간 난처한 얼굴을 하시고 "불시시험이란 불시시험이란다. 언제 시험을 볼지 정하지 않은거야."라고 대답하셨습니다. A군은 다시 한번 "내일 시험이 있는 것을 그 전날에 모른다는 것이군요."라고 몹시 끈덕지게 질문한 것입니다. 선생님도 귀찮다고 생각하였는지 "그래, 그러한거야."라고 말씀하시고 교실에서 나가셨습니다. 재미있는 것은 이제부터입니다. 모두가 자리에서 막 떠나려 할 때 "모두 조용히 해줘. 내주 중에는 시험이 없어. 아니, 불시시험을 볼 수 없는 거야."라고 매우 자신있게 A군이 말을 꺼냈습니다. 미다 씨, 이것이 어떠한 것인지 알 수 있습니까?"

"글쎄."

"우리들도 어리둥절하여 A군 쪽을 쳐다본 것입니다. 그랬더니 A군은 다음과 같은 설명을 하였습니다. 내주 토요일에는 시험을 볼 수 없다. 왜냐하면 금요일 밤이 되었을 때를 생각하면 된다는 것입니다. 시험을 볼 수 있는 날로서 남아 있는 것은 내일의 토요일밖에 없겠지요. 그러면 금요일의 밤에는 내일 시험이 있다는

것을 알아 버립니다. 즉 토요일의 시험은 불시시험으로는 되지 않는 것입니다. 따라서 토요일에는 불시시험을 볼 수는 없다고 A군은 말하는 것입니다. 제법 재미있지요."

"그렇군."

나도 A군의 이치에 끌려 들고 있었다. 확실히 토요일에 불시시험을 볼 수 없는 것은 잘 알았다. 여기서 이 나라의 요일에 대해서 설명해 두자. 1년(라에이)이 512일(야드)로 되어 있고 그 1년이 8개의 달(츠놈)로 이루어져 있는 것은 이미 언급하였다. 따라서 1개월은 64일로 되어 있는 것이다. 더욱이 그 1개월은 8개의 주(케우)로 이루어지고 1주는 8개의 일로 되어 있다. 이 나라에서는 수를 영(오레즈)부터 세기 시작하기 때문에 주의 최초의 날이 오레즈라 불리고 이것이 일요일에 해당한다. 다음이 에노, 오우트……라 하는 것처럼 수를 세는 방법과 같다. 주의 한가운데의 날 루오프에 학교는 휴일이지만 집 부근의 어린이들의 집회(마을 어린이회)가 있다. 이 날은 학교 교육과는 달리 연령의 차이가 있는 어린이들의 집단 활동의 장으로서 유효하게 사용되고 있다. 아무튼 1년의 최초의 날은 오레즈 월의 오레즈 주의 오레즈 일이고 1년의 마지막 날은 네베스 월의 네베스 주의 네베스 일로 되어 있다. A군이 말한 것은 주말인 네베스 일에는 불시시험은 행할 수 없다는 것이었다. 요일을 퀴리그어로 말해도 되지만 이야기가 알기 어려워지므로 여기서는 월·화·수·목·금·토로 설명해 둔다.

"A군이 말하기를, 금요일에도 시험을 볼 수 없다는 것입니다. 목요일 밤이 되었을 때를 생각해 봅니다. 시험을 볼 수 있는 날로서 남아 있는 것은 금요일과 토요일의 2일밖에 남아 있지 않습니다. 그런데 토요일에는 절대로 시험을 볼 수 없습니다. 그 이유는 내일인 금요일밖에 시험을 행할 수 있는 날은 없다는 것입니다. 결국 목요일 밤이 되면 내일인 금요일에 시험이 있다는 것을 알아 버립니다. 이것으로는 불시시험이라고는 할 수 없습니다. 따라서 금요일에 불시시험을 행할 수 없습니다."

"응, 그것 재미있군."

"재미있지요. 이제 알 것으로 생각합니다마는 목요일에도 불시시험은 행할 수 없고 마찬가지로 하여 수요일에도, 화요일에도, 또 월요일에도 시험을 볼 수 없게 되어 버립니다."

나는 한숨이 나올 정도로 감탄하였다. 어디도 이상한 곳은 없는 것 같다. 토요일에도 금요일에도 시험을 행할 수 없다고 하면 확실히 목요일에도 시험을 볼 수 없게 된다. 그렇게 되면 언제라도 시험을 볼 수 없게 된다.

"모두 A군의 이치에 완전히 감탄하고 있었습니다. 무엇보다도 고마운 것은 이 이치가 싫어하는 시험으로부터 해방시켜 주는 이 치라는 것입니다. 그때였습니다. 성실 일변도의 B군이 우리들끼리 아무리 제멋대로 생각해 보았자 선생님이 시험을 행하면 방법이 없지 않느냐 하는 것입니다. 그때 A군이 한 말이 걸작이었습니다. "이 바보야! 선생님은 언제나 말씀하고 계시잖아, 수학은 논리라고. 그 선생님이 논리적 결론과 모순되는 일을 할 수는 없지 않은가?" 이 이야기 어때요? 미다 씨. 나도 재미가 있어서 말이지요, 귀가하면서 다음 주가 즐겁겠구나라고 이야기를 나누었어요."

"확실히 불시시험이라는 것이 그 전날에는 내일 시험이 있을 것이다라는 것을 논리적으로 유도할 수 없는 시험이라는 것을 의미한다면 내주 중의 어느날에도 시험은 볼 수 없게 되지."

"그렇지요. 재미있다, 재미있어."

유치 군은 크게 기뻐했다. 그런데 그로부터 수일 후 휴일인 루오프 날의 다음날 즉 에비프의 날에 시험이 있었다 한다.

"어떻게 생각해요?"

라 말하고 유치 군은 몹시 기가 죽어 있었다.

"오늘 선생님이 시험 문제를 나누어 주는 것이 아닙니까. 그때의 예의 A군이 분연히 항의했습니다. A군은 토요일에는 시험을 볼 수 없다는 것, 따라서 금요일에도 불시시험을 행할 수 없다는 것, 따라서 오늘 이 날에도 불시시험은 행할 수 없다는 것을 논리정연하게 말했습니다. 선생님은 하나씩 '응, 응'하고 수긍하고 계셨습니다. 그래서 이제나 저제나 선생님이 '확실히 네가 말하는 대로이다. 시험을 중지하자'라고 말씀하실지 단지 그것을 기다릴 뿐이었습니다. 선생님은 반쯤 미소짓는 듯한 얼굴을 하고 말씀하셨습니다. "확실히 A군이 말하는 것은 옳다. 모두 그렇게 생각하는가?"라 하고 모두를 둘러보셨기 때문에 모두가 당연하다고 곧 말할 듯이 수긍한 것입니다. "너희들 중에 누구도 오늘은 시험이 없을 것이라고 생각하고 있었던 것이 된다. 그러한 기분일 때에 시험이 있었다. 이것이야말로 불시시험이 아닌가?" 어제는 정말 놀랐습니다. 뭐라고 할 말이 없다라는 것은 이러한 일입니다. 미다 씨, 어떻게 생각하지요?"

"아, 아."

나도 말이 막혔다. 시험을 행할 수 없다는 A군의 추론은 틀림이 없는 것이었다. 그런데 시험이 있었다. 더욱이 누구도 트집을 잡을 수 없는 불시시험이었다. 어떻게 된 것일까? 불시시험의 정의는 전날에 내일 시험이 있다는 것을 결론지을 수 없는 것 같은 시험에 대한 것이었다. 그 정의에 따르면 어느 날에도 시험은 행할 수 없는 것이 된다. 그런데 갑자기 의표를 찌르고 불시시험이 행해졌다. 그렇다. 선생이 행한 시험은 정의대로의 불시시험이 아니고 의표를 찌른 불시의 시험이라는 의미였다. 선생은 교활하게도 말을 살짝 바꿔서 틀린 의미로 사용한 것이다. 이미 지금 와서 뭐라 해도 소용없다. 불시시험은 이미 행해진 것이다. 선생으로서도 불시시험을 본다고는 두 번 다시 말하지 않을 것이다. 나는 선생의 명예를 생각해서 유치 군에게 선생이 말을 살짝 바꿔치기한 교활함에 대해서 지적하는 것은 삼가했다.

불시시험이라는 말을 앞에서와 같이 정의한다고 하면 '어떤 기한 내에 불시시험을 행한다'라는 말은 자기모순되어 있다고 할 수 있을 것이다. 기한을 정하지 않고 '불시시험을 행한다'라고만 말했다 하여도 그것은 재학 중의 일이 확실하므로 결과적으로 기한을 정해 놓은 것이 된다. 그러한 의미에서 '불시시험'이라는 말은 그 자체로서 모순을 안에 포함하고 있다 할 수 있을 것이다.

거짓말쟁이의 이야기

뜻밖에도 불시시험의 이야기에서 논리적인 모순이 생겨 버렸다. 그래서 유치 군에게 몇 가지의 논리적인 패러독스에 대해서 사고를 시키기로 하였다.

"조금 골치가 아파질지도 모르지만 천천히 생각하기 바란다.
'내가 지금 말하고 있는 것은 거짓말입니다'
라는 문장을 옳다고 생각하는가, 잘못이라고 생각하는가, 어느 쪽이지?"[3]

"……"

"이 문장이 옳다고 한다면 어떻게 되지?"

"저어, 지금 말하고 있는 것은 거짓말이라는 것이 됩니다. 그렇다는 것은 지금 말하고 있는 이 문장은 거짓말이라는 것이죠."

"그러면 이 문장이 거짓말이라고 하면?"

"거짓말이니까 지금 말하고 있는 것은 거짓말이 아니다. 즉 이 문장은 정말이라는 것이 되지요."

"옳다고 하면 거짓말이 되고 거짓말이라고 하면 정말이 된다. 어느 쪽도 탐탁치 않다. 이러한 문장을 패러독스라고 한다. 앞에서의 문장을 P라 두면 '내가 지금 말하고 있는 것'이 P이므로
P는 'P는 거짓말이다'라고 적을 수 있다.
즉
$P \Longleftrightarrow P$는 거짓말이다.
라고 생각할 수 있다. 이와 같이 표현해 보면 'P다 하면 P는 거

짓말이 되고 P가 거짓말이다 하면 P가 성립하게 된다'라는 내용을 한눈으로 알 수 있을 것이다."

"'P는 거짓말이다'라는 것은 'P가 아니다'라는 것이겠지요. 따라서

$P \Longleftrightarrow P$가 아니다

라는 것이겠지요."

"몹시 예리하군. 결국 그러한 것이니까 패러독스가 되는 것은 당연한 것이지.

조금 묘한 것을 묻겠는데 이 나라에도 공중 변소가 있는가. 역이라든가 공원 등에서 누구라도 자유롭게 이용할 수 있는 화장실인데."

"네, 샤워 겸용은 아니고 화장실 전용의 것이라면 있습니다만, 그것이 어째서?"

"그러면 그러한 화장실에는 낙서가 돼있겠지?"

"낙서? 벽에 장난으로 적은 것 말인가요?"

"그래."

"거의 없다고 생각하지만 본 일은 있습니다."

"아, 그래. 그렇다면 그다지 좋은 문제는 아니지만, 도덕적으로도 그다지 바람직스럽지 못하고 말이지. 내가 살고 있던 별의 화장실에는 흔히 낙서가 있단다. 이러한 재미있는 것도 있다. 화장실에 앉으면 정면의 벽에 '오른쪽 벽을 보아라'라고 적혀 있다. 무슨 일인가 하여 오른쪽의 벽을 보면 '뒤쪽 벽을 보아라'라고 적혀 있다. 그러면 하고 뒤의 벽을 보면 '변소 안에서 두리번거리지 마라'라 적혀 있어 혼자서 저절로 쓴 웃음을 지은 일이 있단다."

"저런, 그러한 낙서가 있어요?"

"그 낙서를 힌트로 하여 만든 문제인데 말이야. 정면의 벽에 '오른쪽의 벽에 적혀 있는 것은 거짓말이다'라 적고 오른쪽의 벽에는 '뒤에 적혀 있는 것도 거짓말이다'라고 적고 뒤의 벽에도 '정면의 벽에 적혀 있는 것이야말로 거짓말이다'라고 적어 둔다. 어느 문장이 거짓말인지, 정말인지, 화장실 안에서 오랫동안 생각에 잠기게 될지도 모르지."

"정면이 정말이라면 오른쪽은 거짓말, 뒤는 정말, 정면은 거짓말이 돼서 이상하다. 정면이 거짓말이라면 오른쪽은 정말, 뒤는 거짓말, 정면은 정말이 되어 역시 거북하다라는 것이겠지요."

"훌륭해. 정면의 벽, 오른쪽의 벽, 뒤의 벽에 적혀 있는 문장을 각각 P, Q, R이라 두고 기호화해 보면

$P \iff Q$는 거짓말이다

$Q \iff R$은 거짓말이다

$R \iff P$는 거짓말이다

가 되지만 'R이 거짓말이다는 거짓말이다'는 P라 간단화되기 때

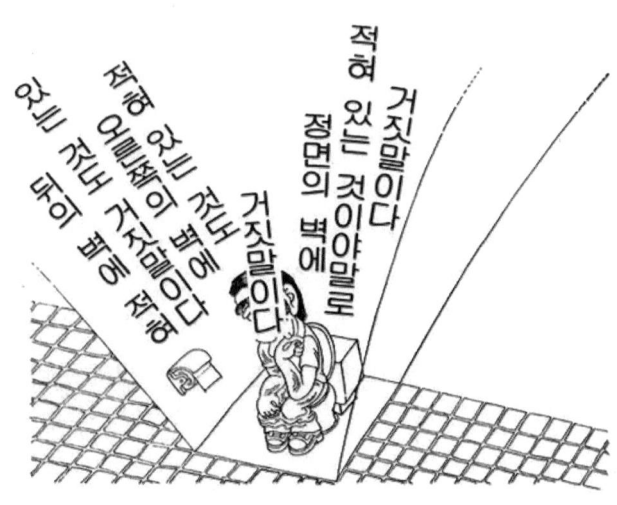

문에 결국

$P \Longleftrightarrow P$는 거짓말이다.

가 돼버린다."

"앞에서의 패러독스와 같은 것이네요."

"거짓말과 정말이 얽힌 문제를 내보기로 하자. 여기에 A, B, C라는 세 사람이 있는데 그들은 정직한 사람이거나 거짓말쟁이의 어느쪽이라 한다. 다만 정직한 사람은 언제든지 정말을 말하고 거짓말쟁이는 언제든지 거짓말을 하는 것으로 하자."

"그것으로 생각이 났는데, 언제인가 아버지로부터 들은 일이 있습니다. 이 퀴리그 별의 종족 중에 언제나 정말만을 말하는 정직족(族)과 언제나 거짓말만을 말하는 거짓말쟁이족이 있다는 것입니다."

"아, 그래. 그러면 마침 잘됐네. 이러한 문제로 하자. A, B, C 세 사람은 누구라도 정직족이거나 거짓말쟁이족의 어느쪽인가이다. 그런데 이 세 사람을 향해서 물었다. '당신들 중에 누구와 누구가 정직족입니까?'"

A가 뭐라고 대답을 하였지만 잘 알아듣지 못하여 고개를 갸우뚱하고 있으니까 B는 'A는 자기는 거짓말쟁이족이다라고 대답했습니다'라고 가르쳐 주었다. 그랬더니 C는 '당치도 않아요. B가 말한 것은 거짓말입니다'라고 말했다.

그러면 이것만으로부터 누가 정직족인지 알 수 있을까?"[4]

"자기가 스스로 거짓말쟁이라고 하는 것은 우습지 않아요?"

"누구라도 '나는 거짓말쟁이다'라고는 말할 수 없으니까 말이지."

"그렇다고 하는 것은 B는 거짓말을 하고 있다. 따라서 B는 거짓말쟁이족이지요. 그러면 C는 정말을 말하고 있는 것이다. 그래서 C는 정직족이라는 것이 됩니다."

"A는?"

"이것만으로는 A가 정직족인지 거짓말쟁이족인지는 결정되지 않겠지요."

"그래, 그것으로 됐어. 이 내용을 기호화하여 표현해 보자. 그를 위해 정직족의 집합을 H라 하고 거짓말쟁이족의 집합을 L이라 하자. 그러면

　　인간 M이 'P'라 주장한다

라는 명제는

　　$(M \in H) \equiv P$

라 적을 수 있는 것이란다[5] (이 기호 $\equiv$는 동치(同値)를 나타내는 기호이고 기호 $\in$는 '속한다'는 것을 의미하는 기호이다. 즉 $M \in H$는 'M이 H에 속한다'는 것, 즉 M이 정직족이라는 것을

의미하고 있다).

이처럼 기호화할 수 있는 이유를 간단히 언급해 두자. M이 정직족이라 하면 주장한 내용 P는 옳은 셈이고 M이 거짓말쟁이족이라면 주장한 내용 P는 옳지 않은 셈이므로 모두 기호화한 관계식은 성립하고 있다. 역으로 이 관계식이 성립하고 있을 때 M이 정직족이라면 P는 옳으므로 P라 주장할 것이고 M이 거짓말쟁이라면 P는 옳지 않으므로 M은 거짓말을 하여 역시 P라 주장할 것이다(여기서 'P'라 주장하지 않는 것은 'P가 아니다'라고 주장한다는 의미라고 생각하고 있는 것이 된다).

그러면 앞에서의 문제의 기호화에 착수해 보자.

B는 'A는 $A \in L$이라 주장했다'라 말한 것이므로
$$B \in H \equiv (A \in H \equiv A \in L)$$
그런데 이 괄호 안은 허위이므로 $B \in L$이라는 것이 된다. 다른 한편

C는 '$B \in L$'이라 주장한 것이므로
$$C \in H \equiv B \in L$$
지금 $B \in L$이 성립하고 있었으므로 $C \in H$"

"기호화하지 않는 편이 오히려 알기 쉬운 것 같아요."

"이 정도의 문제라면 그럴지도 모르지만 조금 더 복잡한 문제가 되면 기호화의 고마움이 나타날 것이야."

사실상 이러한 기호화를 하고 있던 덕분으로 나는 지구로 되돌아갈 수 있었던 것이다. 그 이야기는 나중에 하기로 하자.

〈주〉

(1) 19세기 전반의 독일의 수학자

(2) 오 코너가 1948년에 『마인드』잡지에 발표한 논문이 인쇄물로서 발표된 최초의 것 같다. 가모프, 스턴의 공저 『수는 마술사』 중에 '교수형의 날짜를 정함'으로서 나와 있고 가드너도 몇 번인가 이 문제를 채택하고 있으므로 이 문제는 최근 잘 알려지게 되었다.

(3) 이러한 패러독스를 에피메니데스의 패러독스라 한다. 그 출전(出典)은 『신약성서』의 '테토스의 서'의 제1장이다. 거기에는 다음과 같이 적혀 있다.

'크레타인 중의 어떤 예언자가 말한다.

"크레타인은 언제나 거짓을 말하는 자, 나쁜 짐승, 나태한 대식한(大食漢)"

이 증명은 참이니라'

이 예언자가 에피메니데스이다.

(4) 이 퍼즐도 잘 알려져 있다. 예컨대 후지무라 코사부로 지음 『추리퍼즐』. 이 B의 말을 여러 가지로 바꿔 보면 이 문제를 가지각색으로 변형한 문제를 만들 수 있다. 예컨대 데그레이지어 『수의 퍼즐은 재미있다』, 스마리얀 『이 책의 제명은?』 등에 나와 있는 문제이다.

(5) 이 기호화는 고베 대학의 오니시 마사오 선생에 따른다.

제4장

학교에서 배우는 패러독스

요시 군이나 유치 군에게 수학을 가르치고 있을 때 곁에서 치이 양도 흥미있다는 듯이 그 이야기를 듣고 있거나 그 해답을 생각하거나 하고 있었다. 특히 패러독시칼한 결과가 나올 것 같은 문제에는 관심을 강하게 가졌던 것 같다. 치이 양에 대한 가정교사를 부탁받고 있었던 것은 아니지만 너무나도 흥미를 갖고 있는 것 같아 문제를 몇 가지 내주어 사고를 시키기로 하였다.

치이 양에게 수학을 가르치고 있으면 옛날 치에 양의 고교생 시절, 치에 양으로부터 수학의 질문을 받고 그 해답을 가르쳐 주었을 때의 일이 생각나는 것이었다. 모습이나 모양, 얼굴 생김새 등이 딴판인데도 불구하고 여자다운 마음의 상냥함이 공통되고 있기 때문인지 나의 마음 어딘가에서 치이 양과 치에 양이 겹쳐져 있는 것이었다.

대수에서의 가짜 증명

유치 군에게 대수의 가짜 증명을 해보였을 때 치이 양에게도 가짜 증명의 몇 가지를 해보였다.

"2가 0과 같다는 것에 대한 증명이 어디가 이상한지를 생각하기 바랍니다."

x에 대한 무리방정식

$$x = 1 - \sqrt{2x-3}$$

이 있다. 이것을 변형하여

$$\sqrt{2x-3} = 1 - x$$

양변을 제곱하면

$$2x - 3 = 1 - 2x + x^2$$

$x^2-4x+4=0$

$(x-2)^2=0$

그러므로 $x=2$

이것을 원래의 방정식에 대입해 보면

$2=0$

이 된다.

"이러한 이상한 일이 나타난다고 하는 것은 2는 원래의 무리방정식의 풀이가 아니라는 것이겠지요."

"그래요."

"따라서 이 무리방정식에는 풀이가 없다고 말하면 된다고 생각합니다."

"이 방정식에 풀이가 있으면 그 풀이는 2라는 것을 얻을 수 있었다. 그러나 2는 풀이가 아니라는 것을 알았다. 따라서 원래의 방정식에는 풀이가 없다라는 것이 되지요. 그러면 다음의 해답의 어디에 잘못이 있는지 그것을 지적하기 바랍니다."

$x=\dfrac{\sqrt{5}-1}{2}$ 일 때

$x+\sqrt{x^2-4x+4}$

를 계산하라.

이 문제를 A군은 다음과 같이 풀었다.

$x+\sqrt{x^2-4x+4}$
$=x+\sqrt{(x-2)^2}$
$=x+x-2$
$=2x-2$

$$= \sqrt{5} - 1 - 2$$
$$= \sqrt{5} - 3 \cdots\cdots 답$$

그런데 정해는 2라 한다. 어디가 틀리는 것일까?

치이 양은 x의 값을 실제의 루트의 내용물에 대입하여 계산을 시작하였다.

$$x^2 - 4x + 4 = \left(\frac{\sqrt{5}-1}{2}\right)^2 - \frac{4(\sqrt{5}-1)}{2} + 4 = \frac{5(3-\sqrt{5})}{2}$$

여기서 멈춰 있으므로 분모와 분자에 2를 곱하면 잘 제곱이 된다는 힌트를 주었다.

$$x^2 - 4x + 4 = \frac{5-(6-2\sqrt{5})}{4} = \frac{5(\sqrt{5}-1)^2}{4}$$

이라 변형할 수 있으므로

$$x + \sqrt{x^2-4x+4} = \frac{\sqrt{5}-1}{2} + \frac{\sqrt{5}(\sqrt{5}-1)}{2} = 2$$

라 하여 옳은 답이 나온다.

"옳은 답은 낼 수 있었지만 앞에서의 해답의 어디가 잘못인지는 지적할 수 없겠지요. 어디가 잘못일까요?"

"……"

"$\sqrt{a^2}$ 은 a라고는 말할 수 없다. 배운 일이 없습니까?"

"확실히 배웠어요. 그러면 앞에서의 해답에서

$x-2 < 0$이므로 $\sqrt{(x-2)^2} = 2-x$

라 하지 않으면 안되었던 것이네요. 그러면

$$x + \sqrt{(x-2)^2} = x + 2 - x = 2$$

처럼 간단히 옳은 답을 낼 수 있어요."

"아주 잘했습니다. 이미 허수를 배웠겠지요. 그렇다면 허수를 사용한 패러독스를 내봅시다."

(1) $1 \times 1 = (-1) \times (-1)$ 이지요.

두 변의 $\sqrt{}$ 를 벗기면

$$\sqrt{1} \times \sqrt{1} = \sqrt{-1} \times \sqrt{-1}$$

$$(\sqrt{1})^2 = (\sqrt{-1})^2$$

∴ 그러므로 $1 = -1$

(2) $\dfrac{-1}{1} = \dfrac{1}{-1}$ 은 성립하고 있습니다.

두 변의 $\sqrt{}$ 를 벗기면

$$\frac{\sqrt{-1}}{\sqrt{1}} = \frac{\sqrt{1}}{\sqrt{-1}}$$

$$(\sqrt{-1})^2 = (\sqrt{1})^2$$

∴ 그러므로 $-1 = 1$

"재미있다고 생각하지만 어디가 잘못인지 잘 알 수 없습니다. 틀림없이 양변의 $\sqrt{}$ 를 벗기는 부분이겠습니다만."

"맞아요, 그대로입니다. 조금 어려우므로 옳은 루트를 씌우는 방법만을 언급해 둡시다."

(1) $a < 0$, $b < 0$일 때

$$\sqrt{ab} = -\sqrt{a}\sqrt{b}$$

그것 이외의 실수일 때

$$\sqrt{ab} = \sqrt{a}\sqrt{b}$$

(2) $a > 0$, $b < 0$일 때

$$\sqrt{\frac{a}{b}} = -\frac{\sqrt{a}}{\sqrt{b}}$$

그것 이외의 실수일 때

$$\sqrt{\frac{a}{b}} = \frac{\sqrt{a}}{\sqrt{b}}$$

"이 문제 정도는 바로 걸릴 것 같아요. 학교에 가서 수학을 잘 하는 친구들에게 시켜 보지요."
라 말하고 매우 기뻐하였다. 치이 양에게는 이러한 하나하나의 문제를 사고시키는 것보다 조금 더 계통적으로 취급하는 편이 좋을 것이라 생각하여 수학에 있어서의 존재증명의 필요성에 대한 이야기를 하기로 하였다.

존재증명

"2개의 2차방정식의 공통해를 구하는 문제가 두 문항 있습니다. 두 문항 모두 마찬가지로 풀었는데도 한쪽은 옳은 답이 얻어지고 다른쪽은 잘못된 답이 얻어졌습니다. 그것은 왜 그럴까요?"

(1) $x^2 - 4x + 3 = 0$ ……①
$x^2 - 5x + 4 = 0$ ……②

의 공통해를 구하라.

①-②로 부터
$x - 1 = 0$
∴ $x = 1$이 공통해

(2) $x^2 - 6x + 5 = 0$ ……③
$x^2 - 5x + 6 = 0$ ……④

의 공통해를 구하라.

③-④로부터

$-x-1=0$

$\therefore x=-1$이 공통해

"원래의 방정식에 대입해 보면 (1)쪽은 1이 ①과 ②의 공통해로 되어 있어요. 그런데도 (2)쪽에서는 -1은 ③도 ④도 만족시키지 않아요."

"그것만으로는 아무런 해답도 되지 않습니다. 마찬가지로 풀었는데도 한쪽은 옳고 다른 한쪽은 옳지 않다는 것은 어째서인지를 설명하지 않으면."

"①과 ②에는 공통해가 있지만 ③과 ④에는 원래가 공통해 같은 것은 없어요."

"그것입니다. 양쪽 모두

①, ②에 공통해가 있으면 그것은 1이다

③, ④에 공통해가 있으면 그것은 -1이다

라는 것을 증명한 것에 지나지 않는 것입니다. 때마침 ①과 ②에 공통해가 있었기 때문에 (1)쪽은 옳은 답이 얻어진 것에 불과합니다. 따라서 공통해가 있다는 것의 확인을 별도로 해두지 않으면 안됩니다."

"그래서 마지막에 원래의 방정식에 대입해서 그것이 공통해로 되어 있는지 어떤지를 체크하는 것이군요."

"그렇습니다. 최초의 무리방정식의 풀이의 문제도 마찬가지였지요. 그러면 2개의 원의 공통현의 문제를 내봅시다."

2개의 원

$$x^2+y^2=1 \quad \cdots\cdots\cdots\cdots\cdots ①$$
$$x^2+y^2-6x-8y+c=0 \cdots\cdots ②$$

의 공통현의 방정식을 구하라.
$$f(x, y)=x^2+y^2-1$$
$$g(x, y)=x^2+y^2-6x-8y+c$$

라 두면
$$f(x, y)-g(x, y)=0 \cdots\cdots\cdots ③$$

은 ①과 ②의 교점을 지납니다.
왜냐하면 두 원의 교점을 (X, Y)라 하면
$$f(X, Y)=0, \ g(X, Y)=0$$

이므로 (X, Y)는 ③을 만족시키기 때문입니다.
더욱이 ③의 좌변은 1차식이므로
③은 직선을 나타냅니다.
그러므로 공통현의 방정식은
③입니다. 답은
$$6x+8y-c-1=0$$

"이 해답의 불충분한 부분을 알아차렸습니까?"
"글쎄요."
"②는 원을 나타내고 있습니까?"
"앗, 그래요. ②를 변형하면
$$(x-3)^2+(y-4)^2=25-c$$
가 되므로 $25-c>0$이 되지 않으면 않됩니다."
"그 조건은 필요하지요. 그것만으로 될까요?"
"아직 또 있어요?"

"2개의 원은 정말 교차하고 있습니까?"

"뭐라고요? 아까 ①과 ②의 교점을 ③이 지난다는 것을 막 확인한 것 아닌가요?"

"아니야, 실제로 확인한 것은 ①과 ②에 교점이 있으면 그것은 ③을 만족시키는 것을 확인한 것뿐입니다. 실제로 ①과 ②에 교점이 있다는 것은 별도로 증명해 두지 않으면 안됩니다."

"그랬습니까? 2개의 원의 중심 거리가 5이고 2개의 원의 반지름은 각각 1과 $\sqrt{25-c}$ 이므로
$$5-1 < \sqrt{25-c} < 5+1$$
을 만족시키고 있지 않으면 안됩니다.
따라서 $-11 < c < 9$라는 것이 됩니다."

"그러면 옳은 답은?"

"옳은 답은
　$-11 \leq c \leq 9$ 일 때
　공통현 $6x+8y=c+1$
　(다만 등호일 때는 공통접선)
　$c < -11$ 또는 $9 < c$ 일 때
　공통현은 존재하지 않는다
라는 것이 됩니다."

"어떻습니까. 생각하지 않은 곳에 함정이 있는 것이지요. 내가 학생 시절 들은 이야기인데 저명한 수학자도 틀렸다고 하는 등주(等周) 문제[1]의 이야기를 합시다."

"등주 문제?"

"네, 둘레의 길이가 일정한 폐곡선 중 넓이가 최대의 것은 원이라는 것입니다.

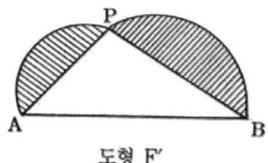
도형 F'
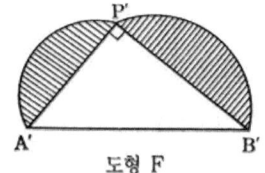
도형 F

"같은 길이의 줄로 토지를 둘러쌌을 때 가장 넓은 토지를 얻을 수 있는 것은 원일 때라는 것이군요."

"먼저 내가 살고 있던 별에서의 슈타이네르[2]라는 수학자의 증명의 대강의 줄거리를 이야기할테니까 들어 보십시요. 그 곡선이 원이 아니면 더 넓이가 큰 것을 만들 수 있다는 것을 증명하는 것입니다.

곡선상에 2점 A와 B를 잡고 둘레를 정확히 절반으로 나눕니다. 선분 AB로 도형은 절반으로 나눌 수 있는데 그중에서 넓이가 큰 쪽의 도형을 F라 이름을 붙여 둡니다.

도형 F가 반원이 아닐 때를 생각합니다. 도형 F의 곡선 AB상에 점 P를 잡고 각 APB가 90도와 같지 않도록 할 수 있습니다. AP와 A'P'가 같고 BP와 B'P'도 같으며 각 A'P'B'가 90도와 같아지는 △A'P'B'를 만들면 △APB의 넓이보다 △A'P'B'의 넓이 쪽이 큰 것은 확실합니다."

거듭 도형 F에서 △APB를 제외한 부분(그림의 빗금 부분)을 △A'P'B'의 바깥쪽에 부가해서 도형 F'를 만듭니다. 그러면 도형 F의 넓이보다 도형 F'의 넓이 쪽이 커져 있습니다. A'B'를 축으로 하여 도형 F'를 두 겹으로 접은 도형을 생각하면 그 둘레는 원래와 같지만 넓이는 원래의 도형보다 커져 있습니다.

도형 F가 반원일 때를 생각합니다. 이때 아래 절반의 도형 G를 생각합니다. 도형 F의 넓이가 도형 G의 넓이보다 실제로 클

때에는 AB를 지름으로 하는 원을 그리면 그 원이 원래의 도형과 둘레는 같고 넓이는 큰 것으로 되어 있으므로 이것으로 이야기는 끝입니다. 남아 있는 것은 도형 F의 넓이와 도형 G의 넓이가 같을 때이지만 도형 G는 반원이 아니므로 앞에서와 마찬가지로 각 AQB가 90도와 같지 않은 점 Q를 잡아 G보다 넓이가 큰 도형 G′를 만들면 되는 것입니다.

이상으로 원 이외의 도형은 넓이가 최대로는 될 수 없다는 것이 성립하였으므로 넓이 최대의 것은 원이라는 증명이 완결된 것으로 된다라는 것입니다.

실은 이 증명에 커다란 빠져 나갈 구멍이 있었는데 어떠한 것인지 알 수 있습니까?"

"……"

"슈타이너의 이 증명을 비판하여 수학자 페론[3]은 다음과 같이 말하고 있는 것입니다. 슈타이너의 증명은

　　둘레가 일정한 폐곡선 중에 넓이가 최대의 것이 있으면 그 것은 원이다

라는 것을 증명한 것에 불과하고 넓이가 최대인 것이 실제로 있다는 것은 별도로 증명해 두지 않으면 안된다라는 것입니다."

"정말, 그렇게 말씀하시고 보니까 그러네요."

"페론은 슈타이너의 논법을 사용하면,

　　'자연수 중 1이 최대이다'

라는 것조차 증명되어야 할 것이라고 언급하고 있습니다. 즉 n이 1이 아니라 하면 n^2은 n보다 큰 것이므로 n은 최대값은 될 수 없습니다. 즉 1 이외의 자연수는 최대가 아니라는 것이 성립한 것이므로 최대의 것은 1이 아니고는 안된다는 것이 됩니다."

"정말, 지금 성립한 것은

    1 이외의 자연수를 잡아 주면 그것은 최대값으로는 될 수 없다

라는 것이었으므로 대우(對偶)에 의하여

        최대값을 취하는 것이 있다 하면 그것은 1이다

라는 것이 성립하고 있는 것에 불과하군요. 그런데 자연수에는 최대값을 취하는 것이 없으니까 난센스가 된 것이네요.

  앞에서의 슈타이너의 증명도

      원이 아니면 최대값으로는 될 수 없다

라는 것이었으므로 대우를 취하면

       최대값을 취하는 것이 있으면 그것은 원이다

라는 것이 성립하였다는 것이지요. 이 경우 별도로 최대값을 취하는 것이 있다는 것을 증명해 두지 않으면 안된다, 그러한 것이네요."

'이라면'의 불가사의

  존재증명의 필요성의 이야기는 제법 치이 양의 마음을 사로잡은 것처럼 생각되었다. 그로부터 얼마 지난 어느날, 처음으로 치이 양으로부터 질문을 받았다. 학교에서 '이라면'이라는 추론을 배웠지만 아무리 해도 잘 와닿지 않는다는 것이다.

  "학교에서 'A라면 B'라는 것은 'A가 아니거나 B'라는 것이라고 배웠습니다. A와 B에 '세이'와 '온'을 대입해서 조사해 보면 옳다는 것은 알 수 있는 것이지만 아무리 해도 잘 와닿지 않으니까요."

라 말한다. '세이'라는 것은 yes에 해당하고 참이라는 것도 의미하고 있다. 또 '온'은 no에 해당하고 허위라는 것을 의미한 말이

A	B	A가 아니다	A 또는 B	A라면 B (A가 아니거나 B)
참	참	허위	참	참
참	허위	허위	참	허위
허위	참	참	참	참
허위	허위	참	허위	참

다. 치이 양도 위와 같은 진위표(眞僞表)는 알 수 있지만 어째서 '이라면'을 이와 같이 정하는지 모른다는 것이다.

"그러면

(1) $a=b$라면 $c \times a = c \times b$

라는 것은 인정합니까?"

"네."

"임의의 a, b, c에 대해서 성립한다라는 것은 a, b, c에 무엇을 대입해도 (1)은 성립하겠네요."

"그렇습니다만."

"그렇다면

(2) $1=1$이라면 $3 \times 1 = 3 \times 1$

(3) $1=2$이라면 $3 \times 1 = 3 \times 2$

(4) $1=2$이라면 $0 \times 1 = 0 \times 2$

는 어느 것도 옳다."

"그렇지만 '$a=b$이라면'이라는 것은 '$a=b$가 옳다면'이라는 것이기 때문에 (3)이나 (4)처럼 $1=2$ 같은 것을 대입해서는……."

"그러나 a, b, c에 무엇을 대입해도 좋다고 막 인정해 주었지 않아요. 그런데도 $a=b$가 옳을 때밖에는 사용해서는 안된다고 하면 이 (1)은

(5) $a=a$이라면 $c \times a = c \times a$

라는 시시한 규칙이 돼버리는걸요. 전제를 조금 더 진위를 가려내기 어려운 것으로 해봅시다.

(6) $12! = 479001600$ 이라면 $13! = 13 \times 479001600$

(7) $12! = 470091600$ 이라면 $13! = 13 \times 470091600$

이 (6)도 (1)에서 $a=12!$ $b=479001600$, $c=13$이라 한 것이므로 참이고 마찬가지로 (7)도 참이라 할 수 있지요."

"이 (6)이나 (7)이 되면 수월하게 이해할 수 있어요. 왜 그렇지요?"

"(6)이나 (7)의 전제는 허위일지도 모르는데 말이지요. 묘하게 생각하지 않는 것은 아가씨의 계산 능력이 그다지 세지 않기 때문이겠지요. 만일 아가씨가 암산의 천재였다면 (7)의 전제 쪽이 허위라는 것을 간파하여 (3)일 때와 마찬가지로 무의미하게 느낄 것이라고 생각해요. 옳은지 어떤지는 분명하지 않기 때문에 번거로우므로 가령 옳다고 하여 봅시다. 그렇게 하면 결론 쪽도 옳게 될 것이다라는 것처럼 생각하고 있는 것이겠지요. 실은 이러한 것이야말로 추론의 본질이 있는 것이라고 말할 수 있는 것입니다. 인간은 신과 달라서 개개의 명제의 진위를 직접 알기 어려운 경우가 많은 것입니다. 그래서 'A가 옳으면 B가 옳다는 것도 성립한다'라는 추론을 사용하면서 간접적으로 옳은 것을 조금씩 구하여 가려고 하는 입장을 취하는 것입니다."

"잘 알아요."

"신으로서는 온갖 명제의 진위가 분명하기 때문에 에둘러서 하는 추론은 불필요한 것입니다. 즉 신에게는 논리는 필요없다고 할 수 있겠지요."

"정말 재미있어요."

"범인(凡人)인 인간으로서도 (2), (3), (4)처럼 보기만 해도 바로 진위를 알 수 있는 것 같은 명제의 경우 '이라면'이라는 추론을 필요로 하지 않음에도 불구하고 굳이 추론의 형식으로서 언급되어 있으므로 신과 마찬가지로 논리를 무의미한 것으로 느끼는 것이겠지요."

"(2), (3), (4) 등은 무의미하게 느껴지기는 하지만 옳은 것은 옳은 것이네요."

"그렇습니다. 그래서
(2)는 '참이라면 참'으로 참
(3)은 '허위라면 허위'로 참
(4)는 '허위라면 참'으로 참
이 됩니다. 이것으로 진위표에서 참이 되는 경우의 설명은 일단 끝났습니다. 남겨진 또 하나의 경우의 설명을 해봅시다. (1)의 역

(8) $c \times a = c \times b$이라면 $a = b$

는 언제라도 성립하는 것일까요?"

"아니요, a를 1, b를 2, c를 0이라 해보면 전제는 $0 = 0$으로 옳은데도 결론은 $1 = 2$가 되어 옳지 않기 때문입니다."

"(8)이 옳지 않은 것은 전제는 참임에도 불구하고 결론이 허위가 되는 것 같은 일이 있기 때문이다라는 것이지요. 즉
    '참이라면 허위'는 허위
라 생각하고 있는 것이 됩니다."

A	B	A이지만 B가 아니다	A이라면 B (A이지만 B가 아니다)의 부정
참	참	허위	참
참	허위	참	허위
허위	참	허위	참
허위	허위	허위	참

 "허위가 되는 쪽은 저에게도 이해하기 쉽다고 생각합니다. 전제 A가 성립하고 있는데도 결론 B가 성립하고 있지 않다는 것이 'A이라면 B'의 부정일 것이기 때문이죠."
 "이것을 수월하게 이해하면 고생할 것은 없지요.
 ⟨A이라면 B⟩의 부정은 'A이지만 B가 아니다'
라는 것을 알았다고 하면
 'A이라면 B'는 ⟨A이지만 B가 아니다⟩의 부정이 되겠지요."
 "그래도 역시 잘 이해가 안되는 것 같아요. 앞에서와 같은 수학 중의 명제 (1)이나 (8) 등을 출발점으로 하면 잘 알 수 있지만 학교 선생님이 말씀하신 예
 '2×2가 5'라면 '원은 모나다' 등을 옳다고 해도 단박에 느껴지지 않아요.
 '2×2는 5가 아니다'이거나 또는 '원은 모나다'
 ⟨'2×2는 5' 동시에 '원은 모나지 않다'⟩의 부정 등의 진위와 일치하는 것이겠지만요."
 "선생님이 그러한 예를 들었습니까? 그것으로는 오히려 알기

어렵게 되었는지도 모르지요. 그러면 소중히 간직해 두었던 설명을 합시다. 다음의 두 가지 추론 규칙을 인정할 수 있을까요?

(I) 'A'가 성립하고 있다고 한다. 그러면 'A 또는 B'는 성립하고 있다.

(II) 'A 또는 B'가 성립하고 있다 하고 'A가 아니다'라는 것도 성립하고 있다 한다. 그러면 'B'쪽이 성립하고 있다.

이 두 가지 규칙을 옳은 추론이라고 인정할 수 있습니까?"

"예, 옳은 것 같이 생각됩니다만."

"이 두 가지 규칙을 사용해서 허위인 명제를 가정하면 임의의 명제를 증명할 수 있다라는 것을 보여 드리겠습니다.

(a) '2×2는 5가 아니다'는 진리이다.

(b) '2×2는 5이다'라 가정한다.

(c) (b)로부터 '2×2는 5이다'가 가정되어 있으므로 규칙 (I)로부터 '⟨2×2는 5이다⟩ 또는 ⟨원은 모나다⟩'가 성립한다.

(d) (c)로부터 '⟨2×2는 5이다⟩ 또는 ⟨원은 모나다⟩'가 성립하고 있고 (a)로부터 '2×2는 5가 아니다'라는 것도 성립하고 있으므로 규칙 (II)를 사용하면 '원은 모나다'라 결론이 내려진다.

결국 (b)의 '2×2는 5이다'를 가정하여 (d)의 '원은 모나다'가 결론이 내려진 것이 됩니다. 즉

'2×2는 5'라면 '원은 모나다'

가 증명된 셈입니다. 이 증명의 '원은 모나다'의 부분을 전부 '원은 둥글다'로 바꿔도 성립하므로

'2×2가 5'라면 '원은 둥글다'

도 증명할 수 있습니다. 거듭 '2×2는 5'의 부분을 그 밖의 임의의 허위의 명제를 가지고 와도 마찬가지로 성립하므로 임의의 명

제 B에 대해서
 '허위라면 B'는 항상 참
이라는 것이 됩니다. 아마 '이라면'에서 가장 저항을 느낀 것은 이 '허위라면 B'가 항상 성립한다는 언저리가 아닐까요?"
 "너무나도 한꺼번에 말씀하셨기 때문에 어쩐지 따라갈 수 없다는 느낌입니다만 무언가 희미하게나마 안 것 같은 기분도 듭니다."
 "'다가서면 칼로 벨 거야'라는 말이 있지요. 이것은
 '접근한다면 칼로 벤다'
라고 바꿔 말할 수 있습니다. 그러나 이것은
 '접근하지 마라, 그렇지 않으면 칼로 벤다'
라는 것과도 같습니다. 이것은 'A라면 B'와 'A가 아니거나 B'가 일치하는 것을 나타내어 보이는 하나의 예입니다."
 "그러한 구체적인 말의 예로 말씀하시면 잘 알 수 있어요."
 "'A라면 B'에 대해서 'B가 아니라면 A가 아니다'라는 것을 대우라 하는데 원래의 명제와 그 대우와의 진위는 완전히 일치하고 있는 것을 알고 있습니까?"
 "예, 이것은 잘 납득하고 있다고 생각합니다만."
 "그렇다면 임의의 명제 A에 대해서
 'A라면 참'은 항상 참
이 되는 것은 압니까?"
 "네, 이 경우 결론이 무조건 옳은 것이므로 무엇을 가정하였다 해도 이 명제는 항상 성립하고 있습니다."
 "좋아요. 그러면 이 명제의 대우를 취하면 어떻게 됩니까?"
 "'허위라면 A가 아니다'가 됩니다. 아, 'A가 아니다'를 B로 바

꿔 놓으면

'허위라면 B'는 항상 참
이 되는 것이네요."

"그럭저럭 상당히 알게 된 것 같으네요."

"덕분이지요."

"그러면 대우에 얽힌 조금 재미있는 이야기를 해봅시다. '공부해라'라는 말을 듣고 겨우 공부를 시작하는 어린이가 있지요. 그러할 때 어머니는 흔히 "너는 야단을 맞지 않으면 공부를 하지 않는구나."라 말하지요. 그 대우를 취해봐요."

"'공부를 한다면 야단을 맞는다' 아니? 이것이 어떻게 된 거지요?"

"응, 재미가 있지요. '배가 고프면 식사를 한다'
이 대우는
'식사를 하지 않으면 배가 고프지 않다'입니다."

"정말, 대우는 수학 이외의 부분에서는 성립하지 않는 것일까요?"

"아니야, 이러한 일상적인 문장의 경우, '이라면'이 시간적 순서를 가진 인과관계로서 사용되고 있기 때문입니다.

'……하면, ―한다'
라는 형태의 대우는
'지금 ―하고 있지 않다 하면 그 원인은 ……하고 있지 않았기 때문이다'
라 하면 되는 것입니다. 즉 대우를 만드는 경우 전제를 현재의 상태를 나타내도록 하고 결론을 과거형으로 하여 표현하면 되는 것입니다.

'야단을 맞지 않으면 공부하지 않는다'
의 대우를 취하면
'공부하고 있다고 하면 야단맞았기 때문이다'가 되겠지요."
"정말이네요, 재미있어요.
'배가 고프면 식사를 한다'
의 대우는
'식사를 하고 있지 않다고 하면 아직 배가 고프지 않았기 때문이다'
가 되는 것이네요."
'이라면'에 대해서 치이 양이 충분히 이해하였는지 어떤지는 의심스럽지만 온갖 방법으로 설명하였기 때문에 처음보다는 이해를 보여준 것처럼 생각되었다.

수학적 귀납법

치이 양은 학교에서 수학적 귀납법을 마침 배웠다. 그래서 수학적 귀납법에 얽힌 패러독스의 이야기를 하기로 하였다.
"수학적 귀납법을 사용하면 인간 누구나가 대머리라는 것을 증명할 수 있는 것이지요."
"재미있을 것 같아요. 어떻게 하는 거지요?"
"먼저 머리카락이 0개인 사람, 즉 반들반들한 사람은 대머리라는 것이 확실합니다.
다음으로 머리카락이 k개인 사람의 경우 그 사람은 누구로부터도 '당신은 대머리다'라는 말을 듣는다고 합니다. 그 사람의 머리에 머리카락이 1개 늘었다 해도 대머리라는 말을 듣는 것에는 변함이 없습니다.

따라서 몇 가닥 머리카락이 나 있어도 대머리라는 말을 듣게 됩니다."
 "이 잘못의 원인이라면 알 수 있어요. 1개 늘었을 때 그 전과 비교해서 약간뿐이지만 '대머리'가 아닌 것으로 되어 있는 것이겠지요. 티끌 모아 어쩌구 저쩌구 식으로."
 "그래요. 대머리의 정의가 분명하지 않은 점에 원인이 있습니다. 대머리라고 하는 것은 상대적인 것이므로 '보다 대머리'라는 것은 성립하고 있어도 절대적 '대머리'는 머리털이 몇 가닥 이하인지는 분명치 않기 때문입니다. 그러면 조금 더 수학적인 것이지만 a는 몇 제곱해도 a라는 것에 대한 증명을 수학적 귀납법으로 하여 보이겠습니다."

---

 a를 양수라 하였을 때 임의의 자연수 n에 대하여
 $$a^n = a$$
가 성립하고 있음을 수학적 귀납법에 의해서 증명해 보이겠습니다.
 $n=1$일 때 $a^1=a$이므로 확실히 성립하고 있다.
 $n \leq k$인 임의의 n에 대해서 $a^n=a$가 성립하고 있는 것으로 하여 $n=k+1$일 때를 생각한다.
 $$a^{k+1} = \frac{a^k \times a^k}{a^{k-1}} = \frac{a \times a}{a} = a$$
가 되어 $n=k+1$일 때도 성립한다.
 그러므로 모든 자연수 n에 대해서 $a^n=a$

"어디가 틀렸는지 알 수 있습니까?"

"……"

"n이 2일 때를 해봐요."

"$a^2 = \dfrac{a^1 \times a^1}{a^0} = \dfrac{a \times a}{1}$

어머, 잘 되지 않아요."

"n이 1일 때와 n이 2일 때의 양쪽이 잘 된다면 나머지는 잘 되는 증명입니다. $n=k+1$의 증명을 하는 데에 $n=k$일 때와 $n=k-1$일 때의 양쪽이 가정되어 있습니다. 최초 n이 3일 때를 증명하는 데에 n이 1일 때와 2일 때가 가정되어 있지만 n이 2일 때는 성립하지 않기 때문에 이야기가 그 이상 진행되지 않는 것입니다."

"이러한 증명은 걸릴 것 같은 증명이에요."

"그러면 아주 비슷한 문제를 내봅시다. 주머니 속에 몇 개의 바둑돌이 들어 있습니다. 이것들이 전부 같은 색깔이라는 것을 바둑돌의 개수 n에 대한 수학적 귀납법에 의해서 증명해 보이려고 하는 것입니다.

n이 1일 때 확실히 같은 색깔입니다.

n이 k일 때는 같은 색깔이라는 것을 알고 있는 것으로 하여 n이 $k+1$일 때를 생각합니다. 주머니 속에서 1개의 바둑돌 A를 끄집어 냅니다. 주머니 속에는 k개의 바둑돌이 들어 있으므로 귀납법의 가정으로부터 주머니 속의 바둑돌은 모두 같은 색깔입니다. 즉 A 이외의 바둑돌은 모두 같은 색깔이라는 것을 알 수 있습니다. 다음으로 A를 주머니 속에 넣고 A 이외의 바둑돌 B를 끄집어 냅니다. 이때도 주머니 속에는 k개의 바둑돌이 들어 있고

귀납법의 가정으로부터 이것들은 전부 같은 색깔이므로 A와 같은 색깔이라는 것을 알 수 있습니다. 그런데 A 이외의 바둑돌은 B와도 같은 색깔이었으므로 결국 전부 같은 색깔이라는 것을 알 수 있습니다."

"어째서 일까요? 우선 n이 2일 때를 생각해 보겠어요. 주머니 속은 1개이므로 같은 색깔입니다. 그런데 전부 한 군데로 한 것은 같은 색이라고는 할 수 없어요. 앞에서의 증명에서는 A와 B 이외에 바둑돌 C가 있었기 때문에 B와 C가 같은 색깔, A와 C가 같은 색깔, 따라서 전부 같은 색이라는 것이 성립한 것이지요."

"그렇습니다. 일반적인 단계는 $k+1$이 3 이상이 아니면 안됩니다. 따라서 출발점으로서는 n이 2일 때를 증명해 두지 않으면 안되는 것이지만 2일 때는 성립하지 않으므로 그 이하는 성립하고 있지 않은 것입니다. 그러면 새로운 문제를 내봅시다. 증명하여야 할 식이 잘못되어 있으므로 증명의 어딘가가 이상할 것입니다. 그것을 찾아내기 바랍니다.

수학적 귀납법을 사용하여

$$\frac{1}{1\cdot 2}+\frac{1}{2\cdot 3}+\cdots\cdots+\frac{1}{(n-1)n}>1$$

이 되는 것을 증명하여 봅니다.

$n=k$일 때 이 정리가 성립하는 것이라 하고 $n=k+1$일 때를 증명합니다. 가정으로부터

$$\frac{1}{1\cdot 2}+\frac{1}{2\cdot 3}+\cdots\cdots+\frac{1}{(k-1)k}>1$$

이므로

$$\frac{1}{1\cdot 2}+\cdots\cdots+\frac{1}{(k-1)k}+\frac{1}{k(k+1)}>1+\frac{1}{k(k+1)}>1$$

이 되어 확실히 $n=k+1$일 때 옳다는 것이 성립하였습니다.

그런데 증명하여야 할 식의 좌변은 $1-\frac{1}{n}$로 변형되므로

$1-\frac{1}{n}>1$은 옳지 않을 것인데요?

"알았습니다. 일반적인 단계의 증명은 있지만 여기에는 출발점의 증명이 없어요."

"잘 아네요. 그러면 다음의 문제는 어떻습니까?

수학적 귀납법을 사용하여

$$\frac{1}{1\cdot 2}+\frac{1}{2\cdot 3}+\cdots\cdots+\frac{1}{(n-1)n}=\frac{3}{2}-\frac{1}{n}$$

임을 증명합니다.

$n=1$일 때 $\frac{1}{1\cdot 2}=\frac{3}{2}-\frac{1}{1}$

이 되어 확실히 성립하고 있습니다.

$n=k$일 때를 가정하여 $n=k+1$일 때를 증명합니다.

$$\frac{1}{1\cdot 2}+\cdots\cdots+\frac{1}{(k-1)k}+\frac{1}{k(k+1)}=\frac{3}{2}-\frac{1}{k}+\frac{1}{k(k+1)}$$
$$=\frac{3}{2}-\frac{1}{k}+\frac{1}{k}-\frac{1}{k+1}=\frac{3}{2}-\frac{1}{k+1}$$

이 되어 확실히 $n=k+1$일 때도 성립합니다.

그런데 증명하여야 할 식의 좌변은 $1-\frac{1}{n}$이고 우변과 같지 않습니다.

"이번의 것은 이상하네요. 또 예에 따라서 n이 2일 때를 생각해 보지요. 어머, 어째서이지요? 좌변은 n이 1일 때와 마찬가지로 돼버렸어요."

"가까스로 알아차린 것 같군요. n이 1일 때가 협잡이었던 것입니다. 좌변은 n이 2 이상일 때밖에 정의되어 있지 않은데 n이 1일 때로 하여 억지로 적었던 것입니다. 따라서 n이 1일 때는 성립하지 않았던 것이지요. 자, 마지막으로 조금 어려운 문제를 냅시다."

수학적 귀납법을 사용하여 명제

$n>1$이라면 $1-\frac{1}{n}>1$

이 됨을 증명하여 봅니다.

n이 1일 때 증명하여야 할 명제의 전제가 허위이므로 이 명제는 무조건으로 성립하고 있습니다.

$n=k$일 때를 가정하여 $n=k+1$일 때를 증명합니다.

$$\frac{1}{k+1}<\frac{1}{k}$$

이므로 귀납법의 가정을 사용하면

$$1-\frac{1}{k+1}>1-\frac{1}{k}>1$$

이 성립합니다.

즉 $n=k+1$일 때 이 가짜 부등식이 증명되었습니다.

"n이 1일 때 예의 '허위라면 B'가 항상 성립하고 있는 것을 사용하고 있는 것이네요. 그러나 n이 2일 때는 성립하지 않아요."

"그래요. 이 증명의 결점을 발견하는 것은 몹시 어려운지도 모릅니다. 증명하여야 할 명제는 A_n이라 두고 그 결론을 B_n이라 두어 보면

A_n은 $n>1$이라면 B_n

이라 적을 수 있습니다.

n이 1일 때 A_1은 옳은 것입니다. 그런데 일반적인 단계에서는 A_k라 가정하여 A_{k+1}을 증명하지 않으면 안되는데 실제의 증명에서는 B_k를 가정하여 A_{k+1}을 증명한 것으로 되어 있기 때문에 이 증명은 옳지 않습니다. A_k를 가정하여

A_{k+1} : $k+1>1$이라면 B_{k+1}

을 증명하려고 하면 k가 1일 때가 잘되지 않습니다. 왜냐하면

$k+1>1$은 $k=1$과 $k>1$

의 두 가지 경우로 나눌 수 있습니다. k가 1보다 큰 후자의 경우는 A_k의 전제가 성립하므로 B_k를 사용할 수 있습니다. 그러나 k가 1일 때는 귀납법의 가정이 성립하지 않으므로 직접 B_2를 말하지 않으면 안됩니다. 그러나 이 B_2는 성립하고 있지 않습니다. 그래서 이 증명은 불완전하였던 것입니다.

이 k가 1일 때가 A_2일 때의 체크에 상당하고 있고 따라서 명제 B_n의 출발점 B_2의 체크가 누락되고 있던 것이 오류의 원인이

라고 할 수 있습니다."

급수의 패러독스

흥미있는 패러독스의 대부분은 무한이 그 안에 얽혀 있다. 그 이유는 무한의 경우와 유한의 경우는 본질적으로 다른 점이 있는데도 유한의 경우일 때로부터 추측하여 무한의 경우에 적용하려고 하기 때문에 생기는 것이 많은 것 같다. 그러한 예를 채용해서 치이 양에게 사고를 시키기로 하였다.

"무한급수는 배웠겠지요?"
"네"
"그러면 다음과 같은 패러독스는 어떻습니까?"

(1) $S = 1+1+1+\cdots\cdots$
$= 1+(1+1+\cdots\cdots)$
$= 1+S$

두 변에서 S를 소거하여
$0 = 1$

(2) $S = 1-1+1-1+\cdots\cdots$
$= 1-(1-1+1-\cdots\cdots)$
$= 1-S$
$2S = 1$
$\therefore S = \frac{1}{2}$

한편 $S = (1-1)+(1-1)+\cdots\cdots$
$= 0+0+\cdots\cdots$
$= 0$

또 $S=1-(1-1)-(1-1)-\cdots\cdots$
$=1-0-0-\cdots\cdots$
$=1$

따라서

$\frac{1}{2}=0=1$

"무한의 덧셈이 있는 식에서는 괄호를 하거나 덧셈의 순번을 바꾸거나 해서는 안된다고 배웠습니다."

"그대로입니다. 앞에서도 말한 것처럼 유한개의 덧셈에 대해서 성립하고 있는 계산의 규칙도 무한개의 덧셈에 대해서는 성립하지 않는 것입니다. 무한개의 합을 S라 두었습니다마는 S는 수라는 보증조차 없는 것이므로 S를 하나의 수라고 생각해서 계산할 수도 없습니다.

그런데 마찬가지로 계산해도 옳은 답이 얻어지는 것도 있습니다."

---

(3) $S=1+\frac{1}{2}+\frac{1}{4}+\frac{1}{8}+\cdots\cdots$

$=1+\frac{1}{2}\left(1+\frac{1}{2}+\frac{1}{4}+\cdots\cdots\right)$

$=1+\frac{1}{2}S$

$\frac{1}{2}S=1$

$\therefore\ S=2$

(4) $S=2+\sqrt{2+\sqrt{2+\sqrt{2+\cdots}}}$
$=2+\sqrt{S}$

$$S - \sqrt{S} - 2 = 0$$
$$\left(\sqrt{S} - 2\right)\left(\sqrt{S} + 1\right) = 0$$
$\sqrt{S} > 0$ 이므로
$$\sqrt{S} = 2$$
$$\therefore S = 4$$

"2개 모두 답은 옳은 것입니까?"

"그렇습니다. 이 경우 답은 옳지만 이러한 이상한 논법으로 계산한 답은 신용할 수 없습니다."

"(3)쪽은 학교에서 배웠지만

$$S_n = 1 + \frac{1}{2} + \frac{1}{4} + \cdots\cdots + \frac{1}{2^{n-1}} = \frac{1 - \frac{1}{2^n}}{1 - \frac{1}{2}} = 2\left(1 - \frac{1}{2^n}\right)$$

을 구하고 나서 n을 무한대로 하지 않으면 안된다고 배웠습니다.

$$S = \lim_{n \to \infty} S_n = 2$$

(4)쪽은 어떻게 하는 것입니까?"

"역시 S_n을 구하고 나서 계산하고 싶지만 좀처럼 S_n을 잘 구할 수 없습니다. 다음과 같이 하면 어떨까요?

$$S_n = 2 + \sqrt{S_{n-1}}, \quad S_1 = 2$$
$$S = \lim_{n \to \infty} S_n = 2 + \sqrt{\lim_{n \to \infty} S_{n-1}} = 2 + \sqrt{S}$$

이 다음은 (4)와 마찬가지로 하여 S는 4가 되는 것을 구합니다."

"이러한 방법으로 되는 것입니까? 너무나도 (4)의 증명과 지나치게 닮고 있습니다마는."

"역시 불충분하지요. S_n의 극한값이 있을 때는 괜찮지만 극한값이 없으면 난센스가 됩니다. 즉

　　　S_n의 극한값 S가 있으면 S는 4이다

라는 것을 증명한 것에 불과합니다. 그래서 극한값이 있다는 것을 별도로 증명해 두지 않으면 안되는 것입니다."

"존재 증명이 필요하다는 이야기네요. 그래도 어떻게 해서 극한값이 있다는 것을 말하지요?"

"$S_1, S_2, S_3, \cdots\cdots$는 단조롭게 증가하여 ($S_n<S_{n+1}$), 어느 것도 4보다 작다(유한의 값으로 억제되어 있다)는 것을 증명하면 되는 것입니다."

"4보다 작다는 것은 수학적 귀납법을 사용하면 성립될 것 같아요.

　　　$S_1<4$에서 $S_n=2+\sqrt{S_{n-1}}<2+\sqrt{4}<4$

가 되니까 말이지요."

"훌륭해요. 단조증가 쪽도 수학적 귀납법으로 성립하지요. n이 1일 때는 바로 알 수 있으므로

　　　$S_{n-1}<S_n$을 가정하여 $S_n<S_{n+1}$

을 말하기로 합시다. 이것은

　　　$S_n=2+\sqrt{S_{n-1}}<2+\sqrt{S_n}=S_{n+1}$

로서 간단히 성립하겠지요."

"정말, 수월하게 되네요."

"또 하나 재미있는 문제를 내봅시다[4]. 아장아장 걷는 갓난아기와 어른이 경주하기로 합니다. 핸디캡을 주어 갓난아기를 10미터 앞에서 출발시키기로 하면 어른은 아무리 빨라도 갓난아기를 따라붙을 수 없다는 것입니다."

"설마."

"가령 어른의 속도가 갓난아기의 속도의 2배였다고 하

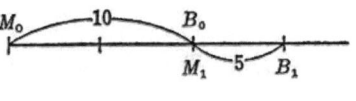

고 출발시 갓난아기가 B_0에, 어른이 M_0의 곳에 있었다고 합시다. 어른이 B_0의 곳까지 따라붙었다고 하면 그 때 이미 갓난아기는 5미터 앞인 B_1에 나아가 있습니다. 계속해서 어른이 B_1까지 따라붙었다고 하면 갓난아기는 이미 2분의 5미터 앞인 B_2에 있습니다. 어른이 B_2에 따라붙었다고 하면 4분의 5미터 앞인 B_3에 있습니다. 어른이 원래 있었던 갓난아기의 곳까지 따라붙었다 해도 약간이나마 갓난아기는 항상 앞에 있습니다. 이러한 것을 무한으로 반복하였다 해도 갓난아기는 항상 앞에 있으므로 어른은 갓난아기를 영원히 따라붙을 수 없다는 것입니다."

"어떠한 이유일까요? 실제로는 따라붙어버리는 것이니까요."

"어른이 얼마만큼 진행한 곳에서 갓난아기에 따라붙을 수 있는가라는 것이라면 계산으로 낼 수 있지요. 그것은

$$10 + \frac{10}{2} + \frac{10}{4} + \frac{10}{8} + \cdots\cdots$$

이라는 무한등비급수가 됩니다. 이것은 (3)에서 구한 것의 10배이므로 20미터가 됩니다. 즉 20미터 진행한 곳에서 갓난아기에 따라붙습니다."

"그러면 따라붙을 수 없다고 생각한 것은 어째서일까요?"

"첫째는 양의 수치를 무한회 더해 가면 무한으로 커진다고 반성없이 생각하고 있었는지도 모릅니다. 즉 위의 무한등비급수는 극한값을 가지고 있는데도 무한으로 커질지도 모른다고 생각하고 있었던 것은 아닙니까?"

"그럴까요?"

"또는 B_n의 곳까지 따라붙으면 갓난아기는 이미 B_{n+1}의 곳까지 와있다고 하는 것처럼 생각하는 쪽의 조작은 무한으로 반복되지요. 즉 생각하는 쪽이 따라붙을 때까지의 프로세스를 무한의 단계로 나눠서 생각하고 있기 때문에 사고의 쪽이 유한의 동안에 끝나지 않는 것입니다. 따라서 언제까지라도 따라붙을 수 없다고 생각하게 되는 것이겠지요."

"무언가 반쯤 안 것 같은 기분도 듭니다마는. 이러한 것으로 생각이 난 것인데 국민학생 시절
$$0.999\cdots\text{가 1이 된다}$$
라는 것을 아무리 해도 몰랐습니다. 현재 무한등비급수를 배웠으므로

$$0.999\cdots = \frac{9}{10} + \frac{9}{10^2} + \cdots = \frac{\frac{9}{10}}{1-\frac{1}{10}} = 1$$

이라 하여 계산할 수 있지만 $0.999\cdots$는 1보다 약간 작다고 생각하고 있었던 것입니다."

(퀴리그 나라에서는 8진법이기 때문에 $0.77\cdots$이 1이 된다)

"그렇겠지요. 그러할 때
$$1 - 0.999\cdots$$
를 계산해 보면 어떻습니까?"

"글쎄요. 그렇지만 어딘가에서 0이 아닌 것으로 될 것 같은 ······."

"어딘가에서 0이 아닌 숫자가 나온다면 원래의 수에 9가 아닌 숫자가 나올 것입니다. 어린이에게 실제로 계산시켜서 이러한 것

을 몸으로 느끼도록 하면 좋다고 생각하지요. 어쩌면

$$\frac{1}{9} = 0.111\cdots\cdots$$

의 쪽은 수월하게 이해할 것이기 때문에 이것을 9배하여

$$1 = \frac{9}{9} = 0.999\cdots\cdots$$

라 한다(또는 $\frac{1}{3}$을 계산하여 그 3배를 계산해도 된다).''

"정말, 그 쪽이 이해하기 쉽다고 생각해요."

길이나 넓이

무한이 얽힌 패러독스는 이러한 급수의 문제만이라고는 할 수 없다. 기하도형에서의 길이나 넓이 등과 결부시켜 생각하면 여러 가지 불가사의한 일이 나온다.

"삼각형의 두 변의 합은 그 밖의 한 변보다 크다는 것은 알고 있겠지요."

"네, 중학교 때 배웠습니다. 그렇지만 지름길로 갈 때 등 어린이라도 알고 있는 일이겠지요."

"그렇겠지요. 그런데 두 변의 합은 그 밖의 한 변과 같다는 것을 증명할 수 있는 것입니다."

"또 그러한 말씀을 하시네요. 어차피 협잡의 증명이겠지요."

"그것은 그렇지만 어디에 협잡이 있는지를 간파해 주었으면 싶습니다.

△ABC가 있습니다. AB, AC, BC의 중점을 각각 L, M, N이라 합니다. 그러면

　　　AL+LM+MN+NC=AB+BC

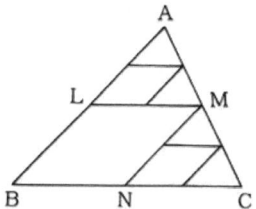 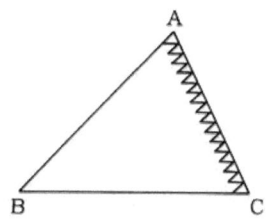

로 되어 있습니다. 거듭 △ALM과 △MNC에 대해서도 마찬가지로 각 변의 중점을 잡아서 그들 중점을 연결하여 꺾은선을 만듭니다. 이들 8개의 꺾은선의 길이의 총합은 두 변의 합 AB+BC와 같아져 있지요. 이들 4개의 작은 삼각형의 중점을 연결하여 16개의 꺾은선을 만들면 꺾은선의 길이의 총합은 역시 두 변의 합과 같습니다. 이러한 일을 무한으로 반복하면 꺾은선은 변 AC에 무한으로 접근합니다. 그런데 꺾은선의 길이는 항상 두 변의 합과 같았으므로 AB+BC는 AC와 같다는 것이 됩니다."

"꺾은선의 극한은 확실히 AC가 되는 것이지요. 정말 어디가 이상한 것인가요?"

"꺾은선의 위치는 끝없이 AC에 접근하므로 꺾은선의 위치의 극한값은 AC라 해도 되겠지요. 그러나 꺾은선의 길이는 항상 AB+BC와 같은 것이므로 꺾은선의 길이의 극한값은 AB+BC입니다. 즉 꺾은선의 위치의 극한값과 꺾은선의 길이의 극한값과는 별개의 것입니다."

"아, 그러한 것이군요."

"마찬가지의 것에 원의 반원둘레는 지름과 같다는 증명이 있습니다. AB를 지름으로 하는 원 O가 있습니다. 그 반지름을 1이라 하면 반원둘레는 π입니다. 거듭 AO와 OB를 지름으로 하는 2개의 반원을 AB의 위쪽에 그리면 2개의 반원둘레의 합은

$$\pi \times \frac{1}{2} + \pi \times \frac{1}{2} = \pi$$

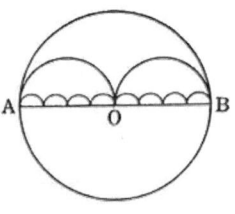

가 됩니다. 거듭 이들 2개의 반원 속에 각각 작은 반원을 2개씩 합계 4개 그리면 그들 반원의 길이의 총합은 π입니다. 이러한 것을 무한으로 반복하면 작은 반원은 무한으로 지름에 접근합니다. 반원의 총합은 항상 π였으므로 π는 지름 2와 같다라고 돼버리는 것입니다."

 "이것도 위치의 극한값은 지름이지만 길이의 극한값은 별개라는 것이군요. 조금 다른 문제일지도 모릅니다마는 중학생 시절 아주 비슷한 문제를 선생님으로부터 들은 적이 있습니다. 그것은 큰 원의 둘레와 작은 원의 둘레가 같다라는 것입니다[5]."

 "그 증명을 해보기 바랍니다."

 "접시를 테이블 XY상을 미끄러지지 않도록 하여 점 A에서 점 B의 곳까지 1회전 시키면 접시의 둘레는 선분 AB의 길이와 같다고 생각됩니다.

 그런데 접시는 동심원의 밑바닥이 붙어 있는 것이라 합니다. 테이블의 면 XY와 평행으로 접시의 밑바닥이 접촉하도록 판 PQ를 댑니다. 접시를 XY상에 1회전 시키면 접시의 밑바닥도 PQ상을 1회전하여 점 M에서 점 N까지 옵니다. 그렇게 하면 접시의 밑바닥의 둘레는 이 선분 MN의 길이와 같다고 생각하지 않으면 안됩니다. MN과 AB의 길이는 같은 것이므로 접시의 밑바닥의 둘레와 접시의 둘레가 일치하게 됩니다."

 "이렇게 일이 묘하게 되는 것은 어째서인지 그 이유까지 선생님께 물었나요?"

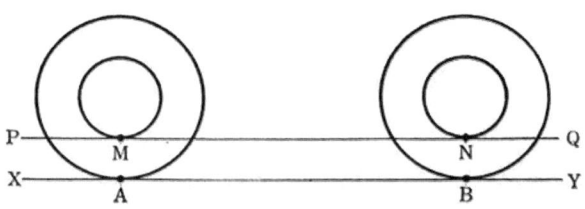

 "네, 선생님의 설명으로는 접시의 밑바닥 쪽은 회전할 때 약간씩 건너뛰고 있다고 말씀하셨습니다. 그러한 것을 생각하는 데는 원 대신에 정다각형을 생각해 보면 좋다고 하여 정6각형의 경우의 그림을 그려서 설명해 주셨습니다. 이 그림을 보면 알 수 있는 것처럼 큰 6각형 쪽은 XY상을 건너뜀이 없이 회전하고 있지만 작은 6각형 쪽은 PQ상을 군데군데 건너뛰고 있습니다. 이 건너뛴 곳을 제외하고 생각하면 확실히 작은 6각형의 둘레와 일치하고 있습니다. 따라서 원일 때의 작은 원도 PQ상을 약간씩이기는 하지만 건너뛰고 있다는 것입니다"

 "이 설명은 유한일 때로부터 무한의 경우를 추측하는 오류를 범하고 있는 것처럼 생각되는데요."

 "옛, 이 설명으로는 잘못된 것일까요?"

 "그렇게 생각됩니다마는. 원의 경우 작은 원이 PQ상을 회전할 때 실제로 건너뛰고 있을까요. 만일 건너뛰고 있다 하면 선분 MN상의 점 속에 작은 원둘레상의 점과 대응하고 있지 않는 부분이 있을 것이겠지요. 정다각형일 때에는 PQ상에 작은 다각형의 둘레와 대응하고 있지 않는 곳(건너뛰고 있는 곳)이 있었지만 원일 때는 그러한 점은 없는 것이 아닙니까?"

 "……"

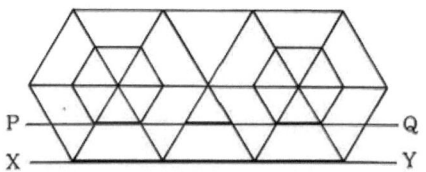

"큰 원이 XY상을 미끄러짐이 없이 회전하고 있는 것이라 하면 작은 원도 PQ상을 미끄러짐이 없이 회전하고 있을 것입니다. 왜냐하면 큰 원은 미끄러지지 않고 작은 원만이 미끄러지고 있다 하면 이 접시는 비틀려 끊어져 버릴 것이기 때문이죠."

조금 더 상세히 말하면 큰 원둘레상의 점 C가 XY상의 점 D 상을 회전하는 것이라 합시다. 원의 중심 O와 점 C를 연결하는 반지름과 작은 원과의 교점을 R이라 하면 R은 D의 바로 위의 PQ상의 점 S상을 회전합니다. 만일 R이 PQ상의 그 밖의 점 T와도 겹쳤다 하면 T에 대응하는 XY상의 점 E와도 C가 겹치게 됩니다. 큰 원은 미끄러지지 않고 있는 것이므로 이러한 일은 일어나지 않을 것입니다. 그래서 작은 원도 원둘레상의 하나의 점이 PQ상의 2개의 점과 겹치는(즉 미끄러지는) 일은 없을 것입니다.

거듭 PQ상의 점 T가 작은 원둘레상의 점과 대응하고 있지 않다(건너뛰고 있다) 하면 T에 대응하는 XY상의 점 E도 큰 원둘레상의 점과 대응하고 있지 않은 것으로 돼버립니다. 원래 큰 원은 XY상을 A에서 B까지 건너뜀이 없이 회전하고 있는 것이므로 작은 원도 PQ상을 M에서 N까지 건너뜀이 없이 회전하고 있는 것이 됩니다."

"그렇게 하면 작은 원의 원둘레는 큰 원의 원둘레와 같다는 패러독스는 어떻게 되는 것일까요?"

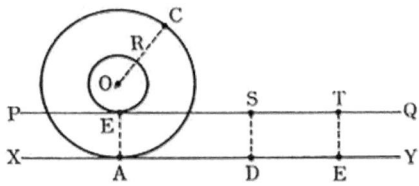

"미끄러지지 않도록, 건너뛰지 않도록 회전시킨다는 것은 큰 원의 원둘레상의 점과 선분 AB상의 점과를 1대 1로 대응시킨 것뿐입니다. 그렇게 하면 작은 원의 원둘레상의 점과 선분 MN 상의 점과도 1대 1로 대응이 붙어 버렸다는 것이 됩니다. 즉 1 대 1로 대응이 붙었다고 하여 반드시 길이가 같다고는 할 수 없습니다."

"……"

"더 간단한 예로 설명해 둡시다. △ABC의 두 변 AB, AC의 중점을 각각 M, N이라 하면 MN의 길이는 BC의 길이의 절반으로 되어 있습니다. 그런에 MN상의 점과 BC상의 점과는 1대 1로 대응하고 있는 것입니다. BC상에 점 D를 잡습니다. AD와 MN과의 교점을 S라 하고 D와 S를 대응시키는 것입니다. BC상의 어떤 점에도 그에 대응하는 MN상의 점이 있고 BC상의 두 점이 다르면 대응하는 MN상의 점도 다릅니다. 역으로 MN상에 다른 두 점을 잡으면 그에 대응해서 BC상에 서로 다른 두 점을 잡을 수 있습니다. 즉 BC상의 점과 MN상의 점과는 과부족없이 1대 1로 대응하고 있습니다. 따라서 BC상의 점의 개수와 MN상의 점의 개수와는 같다고 생각할 수 있습니다. 그런데 길이는 확실히 다릅니다. 그러한 의미에서 1대 1로 대응이 붙는 곡선끼리의 길이는 같다고는 할 수 없는 것입니다."

"앞에서의 큰 원의 원둘레와 작은 원의 원둘레와는 1대 1로 대응은 하고 있지만 길이는 똑같다고는 할 수 없다는 것이네요. 정말 잘 알았어요.

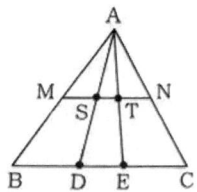

길이와는 틀리지만 넓이에 대한 것으로서 조금 의문으로 생각되는 일이 있는데 질문해도 되겠습니까?"

"예, 하십시오."

"어떤 도형의 넓이를 구하라는 문제가 출제되었을 때 경계선이 들어가 있을 때와 경계선이 들어가 있지 않을 때와는 넓이는 다른 것일까요?"

"넓이는 같습니다. 가로의 길이가 1이고 세로가 h인 직사각형의 넓이는 h이지요. 이 h를 0에 접근시킨 극한값을 선분이라고 생각할 수 있겠지요. 그래서 선분의 넓이는 0입니다. 마찬가지로 하여 곡선의 넓이는 0이므로 경계의 곡선을 제거한 정도로 넓이에 변화는 없습니다."

"그렇게 하면 묘한 일이 되지 않을까요? x, y의 두 축과 $x=1$, $y=1$로 둘러싸인 정사각형이 있습니다. 이 정사각형 중 x가 $\frac{1}{2}$에 상당하는 직선 부분을 제거시켜도 넓이에 변화는 없고 1이겠지요. 또 x가 $\frac{1}{4}$이나 $\frac{3}{4}$의 직선 부분을 제거합니다. 그래도 역시 넓이는 1입니다. 이러한 것을 계속해서 반복해 가는 것입니다. 수학적 귀납법에서의 '대머리'와 같은 것이 되지요. 아니, 그 반대이지요. 아무리 제거시켜 가도 넓이에 변화는 없다 하면 전부 제거해도 넓이는 1이겠지요?"

"x가 유리수인 부분만 전부 제거해도 넓이는 1입니다. 그러나 x가 무리수인 부분을 전부 제거해 버리면 넓이는 0으로 돼버리는 것입니다. 그 이유는 유리수에 비해서 무리수가 압도적으로 많기 때문입니다[6]."

"유리수도 무리수도 같은 무한개이겠지요. 그것에 차이가 있습니까?"

"그렇습니다. 무한에도 정도의 차이가 있는 것입니다."

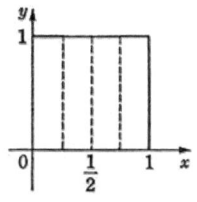

〈주〉

  (1) 등주 문제가 수학상의 문제로서 채택된 것은 멀리 카르타고의 디도왕(王)에까지 소급한다고 일컬어지고 있다.
  (2) 19세기 전반에 활약한 스위스의 수학자
  (3) 20세기 전반에 활약한 독일의 수학자
  (4) 그리스의 철학자 제논이 제출한 패러독스 중의 하나
  (5) 갈릴레오의 『신과학 대화』 중에도 이 문제가 채택되어 있다.
  (6) 제 3 부를 참조

제5장

목숨을 건 패러독스

퀴리그국의 문화의 내력

세 어린이에게 수학을 가르치는 것과 동시에 각양각색의 기계·기구 등의 수리를 하였다. 이 나라는 누름단추 문화라는 것을 앞에서도 언급하였다고 생각하는 데 고장이 났다고 가져오는 물건은 누름단추 부분의 접촉 불량이 대부분이었다. 이 정도라면 각각의 가정에서도 간단히 고칠 수 있을 것이라고 생각되는데도 누구도 손을 움직이려고 하지 않는 것이다. 기계를 도구로써 사용은 하지만 기계의 구조 그 자체에는 전혀 관심을 가지고 있지 않다. 기계와의 마음의 교류를 갖지 않는 한, 기계를 정말 능숙하게 사용할 수는 없다고 생각된다. 이와 같이 기계 그 자체에 대한 애착이 없는 것은 어릴 때부터 육체 노동이나 손끝을 움직이는 것을 경멸하는 풍습에 길들여졌기 때문이다.

퀴리그국이 현재와 같은 고도의 문화를 만들어낸 근본은 이 나라의 옛날 사람들이 땀을 뻘뻘 흘리면서 몸을 움직여 왔기 때문임에 틀림없다. 그러나 지금은 그 문화를 자기들만의 힘으로는 유지할 수 없는 상태에 접어들고 있다. 남의 별에서 나와 같은 노예를 데리고 와서 자질구레한 손일을 시킴으로써 가까스로 스스로의 문화 수준을 유지하려 하고 있는 상태이다. 이것은 커다란 모순이고 이러한 상태로는 멀지 않아 이 문화는 쇠퇴할 것임에 틀림없다.

접촉 불량 등과 같은 간단한 고장 이외에는 부품을 교환하는 방법으로 수리한다. 하나의 기계는 몇 갠가의 부품의 결합에 의해서 만들어져 있고 부품의 결합 방법만이 지시되어 있다. 또 개개 하나하나의 부품이 정상인지 어떤지를 체크하는 방법이 확립되어 있기 때문에 그 부품이 나쁘다는 것을 알면 그 부품만을 교환하는 것이다. 하나하나의 부품은 '블랙 박스'로 되어 있어 그 내용물은 어떠한 메커니즘으로 만들어져 있는지는 알 수 없다. 나와 같은 타관 사람에게는 블랙 박스의 내용물은 절대로 가르쳐 주지 않는다. 그러나 내용물은 몰라도 부품을 체크하고 부품끼리를 결합함으로써 수리할 수는 있다.

생각할 수 있는 것은 실재한다?

요즘에 와서는 장관과도 제법 이야기를 나눌 수 있게 되어 그만큼 서로 친밀감도 느끼기 시작하였다. 언젠가
　"당신들의 별에 비해서 우리 어린이들의 학력은 어떻습니까?"
라고 질문을 받은 적이 있다.
　"학교에서도 진도는 거의 비슷합니다. 그러나 당신의 어린이들은 누구나가 호기심이 왕성하고 생각하는 일을 좋아한다는 것을 보고 알게 되어 매우 만족스럽게 여겨집니다."
라고 대답하였더니 아타스마 씨는 만족스럽다는 듯이 끄떡이고 있었다. 이것 이상 말하는 것은 그만 두려고도 생각하였지만 아타스마 씨가 너무나도 기뻐하고 있었으므로 조금 비아냥거리고 싶어졌다.
　"댁의 자제분들만은 아닌 것 같이 생각됩니다마는 이 나라의 어린이들은 생각해야 할 실체를 구체적으로 갖고 있지 않는 것처럼 보입니다."
라고 말했더니 장관은 얼굴이 약간 굳어지면서
　"네? 실체가 없다는 것은?"
이라고 되물었다.
　"존재하는 물건과 직접적으로 결부된 사고를 하고 있지 않다는

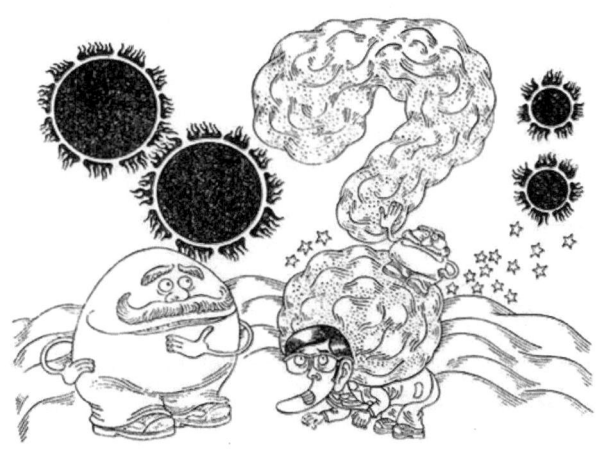

것입니다."
라고 대답해 주었지만 암만해도 이야기가 통하였다고는 생각되지 않는다.
 "생각할 수 있는 것은 존재하는 것입니다. 말씀하시는 의미를 알 수 없습니다."
 "눈에 보이고 손에 만져지는 물건과 생각할 수 있는 것과는 다르겠지요."
 "아니, 다르지 않습니다. 모순없이 생각할 수 있는 것은 실체가 있는 것입니다."
 아무리해도 논의가 일치하지 않아 난처해졌다. 나중에 안 일이지만 실재하는 물건과 사고의 대상을 같은 '그니이트'라는 말을 사용하고 있고 원래 양자의 구별이 없기 때문에 다루기가 어렵다.
 그러나 생각할 수 있는 것은 실재하고 실현될 수 있을 것이라는 사상은 매우 재미있다고 생각되었다. 예컨대 우리 지구인으로서는 4차원 세계 등은 단순한 공상에 지나지 않지만 퀴리그 사람들로서는 가령 4차원 세계를 공상으로 생각하기 시작하였다 해도 논리적으로 모순을 포함하고 있지 않는 것으로 생각된다고 하면 그것은 실현할 수 있는 것이 될 것이다. 그러한 사고 방법의 결과 4차원 장치라는 것을 실제로 만들 수 있었다는 것은 무서워할 만한 사상이라고도 할 수 있을 것이다.

감각인가, 논증인가

나는 이야기의 방향을 조금 바꿔 보기로 하였다.

"자제분들은 모두 머리가 상당히 좋은 것 같지만 솜씨는 서투르더군요."

"솜씨가 서투른 것이 지적 인간으로서 결점이라고 말할 수 있는 것일까요?"

이렇게 반문을 받아서 난처하였지만 아무튼

"실제로 눈으로 보고 손으로 만지게 함으로써 지식을 체득(體得)시키려고 하면 솜씨가 서투른 것은 아무래도 장애가 됩니다. 이처럼 몸으로 느낀 지식이 책만으로부터의 지식보다도 참된 지식으로 몸에 배기 쉬운 것입니다."

라 대답하였다. 아타스마 씨는 여러 가지 감각을 통해서 얻은 지식이 마음에 정착하기 쉽다는 것은 인정하였지만 내가 무심코 말해버린 '참된 지식'이라는 것을 물고 늘어졌다.

"논리적으로 파악한 지식이야말로 참된 지식이고 감각에 의해서 얻은 지식은 환상에 불과한지도 모릅니다. 그것이 환상이 아니라는 것을 확인하려면 아무래도 사고에 의존하지 않으면 안되는 것입니다."

확실히 아타스마 씨가 말하는 대로이다. 요시 군에게 예로서 채택한 양탄자의 문제 등은 감각이 얼마나 오류를 범하기 쉬운 것인가를 보여준 것이었다. 그러나 이 경우도 실측에 의해서 길이를 구하게 하였을 때 그 오류의 장소를 발견하고 요시군은 손뼉을 치며 기뻐한 것이 아니던가.

"가령 삼각형의 넓이를 구하는 공식이라 해도 위로부터 강압적으로 가르치는 것이 아니고 3개의 밑변과 각각의 높이를 실측시켜 세 가지의 방법으로 실제로 넓이를 계산시켜 보는 것입니다. 그것들이 모두 일치하는 것을 몸으로 실감시켜 그 공식을 자기의 것으로 만들게 한다는 방법을 채용하는 것입니다. 이러한 교습 방법이 공식을 통채로 외우게 하려 하는 것보다도 훨씬 인상 깊게 터득할 것이라고 생각합니다마는."

"조금도 공식을 통채로 암기시킨다고는 말하고 있지 않습니다. 실측을 바탕으로 하여 계산시켰다고 하면 오히려 잘 맞지 않을 때가 있는 것이 아닙니까. 그렇게 하면 공식은 옳은 것이 아니고 대강 옳은 것에 불과하다는 느낌을 갖게 하는 것이 돼버립니다. 그렇기 때문에 바로 증명이 필요한 것이지요. 평행사변형을 직사각형으로 바꿔 옮김으로써 평행사변형의 넓이를 구하는 방법을 먼저 학습시켜둡니다. 그렇게 하면 삼각형의 넓이를 구하는 방법은 바로 터득할 수 있다고 생각하지요. 2개의 합동인 삼각형을 밀착시켜서 평행사변형을 만드는 방법은 세 가지 있으므로 어느 방법으로 해도 넓이는 똑같다라는 것을 바로 증명할 수 있습니다."

"네, 그대로입니다. 그 증명도 실제로 합동인 삼각형을 2개 잘라 내게 하여 그것들을 2개 배열하여 평행4변형을 만들게 해서

제5장 목숨을 건 패러독스 *153*

넓이를 구하는 방법을 실감시키려고 하는 것입니다."

논증 일변도의 아타스마 씨도 감각을 중요시하는 교육을 교육 효과를 올리는 하나의 수단으로서 일단은 평가를 해주었다. 그러나 근본적으로는 감각은 이용하여야 할 것이 아니라는 것, 부득이 이용하는 필요악이라는 정도로 생각하고 있는 것 같았다.

이 나라의 어린이들은 아니 어린이뿐 아니고 어른까지도 글씨를 잘 쓸 수 없다. 그 때문에 소형 타자기를 항상 휴대하고 다니게 된다. 그림을 하나 그리는 것도 키를 툭툭 눌러서 기계로 하여금 그리게 하고 있다. 확실히 이러한 기계는 편리는 하지만 연필 한 자루와 종이 한 장이 있기만 하면 어디에 있어도 그릴 수 있는 우리들이 얼마나 편리한지 모른다. 자기가 물건을 만들고 고안하는 즐거움, 주어진 것만큼 훌륭하지는 않다 하더라도 자기의 손으로 완성했을 때의 기쁨, 그러한 즐거움이나 기쁨을 모르는 퀴리그의 사람들이 불쌍해서 견딜 수 없었다. 그러나 서투르지만 어린이들에게 그러한 공작을 시켜 보면 눈빛이 빛나면서 기뻐하는 것이다. 퀴리그의 문화는 오랜 세월 동안에 어린이들로부터 창조의 기쁨을 빼앗아버리고 있다. 나는 그 이상 이 문제에 대해서 아타스마 씨와 논의하는 것은 중지하였지만 이것은 하나의 교육론에 머무르지 않고 퀴리그국의 문화 그 자체의 문제라고 생각되어 견딜 수 없었다.

지구인은 역시 지구인

이 퀴리그의 사람들에 대해서, 특히 장관인 아타스마 씨에 대해서 가상 항의하고 싶었던 것은 나의 인권을 무시하고 자기들만의 사정으로 나를 노예로 만들어 이러한 곳에 데리고 온 일이다. 무엇때문에 나를 여기에 데리고 왔는지는 쓰지무라 씨로부터의 설명으로도 알고 있었고 여기서 나에게 시키고 있는 일의 내용을 생각해 보면 이미 물어볼 것까지도 없는 일이었다. 그러나 아무리 해도 아타스마 씨에게 직접 물어 보고 싶었던 일이기도 하였고 될 수 있으면 한두 가지의 항의를 해두고 싶다고 생각하고 있었다. 좀처럼 그러한 기회가 없었지만 어느날 아타스마 씨는 다음과 같이 말을 걸어왔다.

"이 퀴리그국에서의 생활에는 익숙해졌습니까?"

"네, 그런대로."

"그거 잘됐습니다. 여기서의 생활은 당신네들의 별에서의 생활보다 쾌적하다고 쓰지무라 씨가 언젠가 말했는데 어떻습니까?"

내가 이 한 마디를 듣고 매우 반발감을 느낀 것은 확실하다.

"쓰지무라 씨가 어떻게 말씀하였는지는 모르지만 자기가 태어나고 자라난 곳보다 쾌적할 리는 없겠지요."

라고 힘주어 말하였다.
"그러나 당신은 친척도 없는데다가 애인도 세상을 떠나 실의의 상태가 아니였습니까?"
"남의 마음을 어떻게 읽을 수 있다는 것입니까?"
"객관적 데이터로부터 그렇게 판단할 수 있다는 것입니다."
"사람의 마음을 그와 같이 밖의 상태만으로부터 판단하는 것에 대하여 강한 불쾌감을 느낍니다."
"……"

4차원장치란

아타스마 씨는 가만히 나의 얼굴을 보면서 그 이상 아무것도 말하지 않았다. 그러나 나로서는 아타스마씨에 대한 반발심에서 진작부터 머리속에 의문으로서 느끼고 있었던 것을 말해버리고 말았다.
"처참한 사고로 죽은 치에코 양의 일입니다마는."
"아, 당신의 애인이었던 사람?"
"네, 치에코 양이 죽은 것은 정말 사고였던 것일까요?"
"어째서 그러한 것을 나에게 묻습니까?"
"아니요, 나와 마찬가지로 치에코 양도 이 나라의 어디엔가 끌려와 있는 것은 아닌지라고 생각하였던 것이기 때문이죠."
"그러한 일은 없습니다. 그러한 보고는 듣고 있지 않으니까요. 그런데 어떠한 사고였습니까?"
"당신은 그 사고를 모르고 계십니까?"
"당신의 애인이 죽었다는 것밖에 듣고 있지 않습니다."
"그러했습니까? 버스가 누군가에 의해서 폭파되어 많은 승객

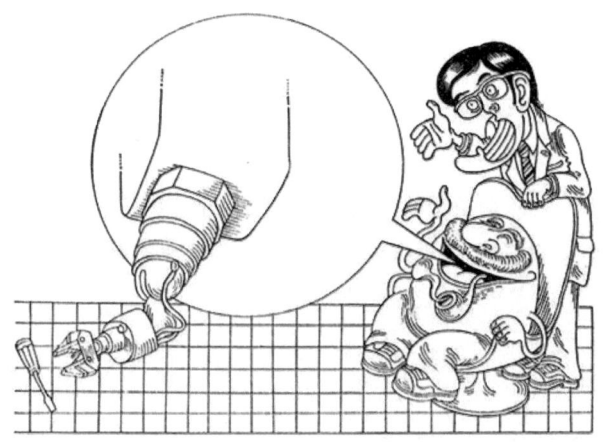

과 함께 치에코 양은 죽은 것입니다."

"아, 애처롭습니다. 그렇지만 그러한 상황이라면 단지 한 사람만을 데리고 간다는 것은 불가능합니다."

"그렇지만, 치에코 양의 시체만이 발견되고 있지 않은 것입니다."

"4차원 장치를 사용했다 하더라도 한창 폭발할 때 그 중의 한 사람만을 데리고 나갈 수 있을 리가 없습니다."

"……"

아타스마 씨가 말하는 대로일지도 모른다. 나는 이 문제에 대해서는 납득하기로 하였다. 그러나 내가 천애고독이고 애인을 잃었다는 것을 어떻게 알았을까. 여기에 끌려와서도 언제나 누군가에게 감시당하고 있는 것처럼 느끼고 있었는데 과연 그러할까. 4차원 장치라는 것은 그러한 것도 가능하게 하는 기계일까.

"그 4차원 장치를 사용하면 3차원 공간의 임의의 점도 남몰래

정찰할 수 있는 것입니까?"

"네, 3차원 공간 내의 임의의 점을 정하고 그 점에 4차원 공간 곡선을 따라서 접근하는 것입니다."

"그렇다면 각 개인의 생활을 훔쳐 보게 되어 프라이버시의 침해가 되겠네요."

"네, 그렇지만 그것을 피하기 위하여 4차원 차단기를 설치하는 것입니다."

"아, 그러한 기계가 있습니까? 그런데 나의 방에는 그러한 4차원 차단기인지 무엇인지가 설치되어 있습니까?"

"죄송하지만 아닙니다."

나는 깜짝 놀랐고 몹시 화를 냈다.

"당치도 않은 일이 아닙니까. 자기들은 서로 프라이버시를 지키고 계신다, 즉 서로 인권을 존중하고 계시는 겁니다. 그러나 지구 등에서 자기들의 사정만으로 끌고 온 사람에게는 전혀 인권을 인정하지 않는다. 이러한 것은 우리들을 대등한 인간이라고는 인정하지 않는 것입니다. 즉 노예라고 생각하고 있는 것이 아닙니까. 예컨대 대등한 전쟁에서도 패배한 결과로서 끌려온 것이라면 그런대로 이해가 됩니다. 아니, 그러한 경우라도 나라와 나라와의 문제이지 개인의 인권 쪽은 존중되지 않으면 안될 것입니다. 그러나 나의 경우 당신네들의 사정만으로 나의 뜻도 묻지 않고 아주 일방적으로 데려온 것입니다. 더구나 이 나라 사람들을 위해 일을 시키고 있습니다. 그렇다면 나는 당신네들에게는 손님이 아닙니까. 그 손님의 인권을 인정하지 않고 노예로서 취급하고 있다는 것은 당치도 않은 일입니다."

나는 약간 흥분하는 기색으로 단숨에 지껄여대고 있었다.

"그러한 것은 알아차리지 못했습니다."

"그것이 제멋대로라는 것입니다. 자기의 인권을 지키려고 하면 타인의 인권도 인정하지 않으면 안됩니다. 나는 당신네들에게는 이성인(異星人)이기는 하지만 당신의 자제분들을 나와 대등한 인간이라고 생각하여 마음의 교류를 해온 것으로 생각합니다. 당신 쪽에서 그와 같이 생각하신다면 당신의 자제분들에 대한 교육은 더 이상 불가능합니다."

"정말로 죄송했습니다. 곧 4차원 차단기를 설치토록 하겠습니다."

"꼭 그렇게 해주십시오. 내가 있는 곳뿐 아니고 다른 별에서 데리고 온 사람들 모두의 방에도 말입니다."

"알았습니다. 될 수 있는 대로 그렇게 하도록 노력하겠습니다."

블랙 박스의 내용물의 문제

나는 약한 입장에 놓여 있는 것도 잊어버리고 말하고 싶은 것을 말해버리고 말았다. 그러나 아타스마 씨의 대답을 듣고 있는 동안에 가까스로 마음의 침착성을 되찾았다. 아타스마 씨는 이야기하면 알아들을 수 있는 인물이었다. 언젠가 쓰지무라 씨도 이야기한 것처럼 퀴리그인들은 살상을 좋아하지 않는 평화적인 사람들이다. 그러나 그들의 논리에는 제멋대로인 부분이 있는 것처럼 생각된다. 나는 서로 이야기를 나눔으로써 이 점을 추구해 볼 필요가 있다고 느끼기 시작했다.

"퀴리그인들이 만들어낸 문화는 확실히 훌륭한 것입니다. 그러나 그 우수한 문화를 자기들만의 힘으로 끝까지 지켜낼 수 없다는 것은 참으로 유감스러운 일이 아니겠습니까?"
"끝까지 지켜낼 수 없다는 것은?"
"아니, 우리들과 같은 딴 별의 인간에게 의존하지 않는 한 당신네들의 문화를 유지할 수 없다는 것을 말하고 있는 것입니다."
"딴 별에는 전혀 폐를 끼치지 않는 상태로 유능한 사람을 모셔 오고 있는 것이지요."
"그것이 제멋대로라는 것입니다. 유능한 이성인에게 일손을 부탁할 작정이라면 그 이성인의 인권을 존중하지 않으면 안됩니다. 그 사람의 의사도 묻지 않고 데려오는 것은 절대로 용납되지 않습니다."
"폐를 끼치지 않도록 충분한 조사를 하여 객관적으로 보아도 틀림없도록 하고 있다고 생각합니다."
"모르고 계시네요. 당신이 객관적이라고 말씀하시는 밖으로부터의 데이터만으로는 사람의 마음 속은 모릅니다. 당신들은 인간도 하나의 블랙 박스라고 생각하고 계시는 거죠. 더욱이 당신들은 블랙 박스의 내용물 쪽에는 흥미가 없고 블랙 박스에 일정한 입력을 하였을 때 어떠한 반응을 출력으로 내는지 그것만을 조사해서 판단하고 계십니다."
"그것 이외에 조사하는 유효한 방법이 있습니까?"
"적어도 인간의 경우는 있습니다. 본인의 의사를 묻고 그것을 존중해야 합니다. 더욱이 인간의 사고 방식은 때때로 바뀌는 것입니다. 최초 딴 별에 이주해도 좋다고 생각하고 있었다 해도 언제 태어난 고향의 별에 돌아가고 싶다고 생각할지도 모릅니다. 그러한 때에도 즉각 돌아갈 수 있도록 하였으면 하는 것입니다."
"돌아갔다 하더라도 행복하게 될지 어떨지 몰라도 말입니까?"

"물론입니다. 행복하게 될지 어떨지 다른 사람은 알 리가 없으니까 말이죠."

"그럴까요. 다른 사람 쪽이 본인보다도 객관적 데이터를 많이 갖고 있는 경우도 있는 것입니다."

"아니, 아무튼 본인 나름이라고 생각했으면 합니다."

"그런데 지금 당신은 당신의 별로 돌아가고 싶다고 생각하고 있습니까?"

"물론입니다. 치에코 양이 죽었을 때에는 살아 있어도 별 수가 없다고 생각하고 있었습니다. 그러나 이 별에 끌려와서 당신들처럼 불가사의한 사람들을 보면서 어기는 어딘가, 당신네들은 어떠한 사람들일까라는 호기심을 갖기 시작하였습니다 거듭 당신의 자녀들과의 교류가 깊어짐에 따라 사람과 사람과의 애정이라는 것을 다시 가질 수 있게 되어 자신은 혼자만이 살고 있는 것은 아니라는 연대 의식을 강하게 느끼게 되었습니다. 자녀들을 볼 때마다 내가 자라난 복지 시설의 후배들의 일이 생각나게 된 것입니다. 나는 지금까지 복지 시설의 어린이들에 대한 것을 잊고 있었지만 혹시 어린이들은 나를 찾고 있는 것은 아닌지. 나와 놀던 추억 중에 복지 시설의 어린이들과의 유대 관계는 남아 있는 것이다, 자신이 잊어버린 셈으로 있어도 나는 많은 어린이들이나 사람들의 마음 속에 살아 있는 것이다, 이렇게 생각하기 시작하면 내가 태어나고 자라난 지구로 돌아가고 싶은 기분이 콸콸 솟아납니다. 그래서 지금은 당장이라도 돌려 보내 주었으면 생각하고 있습니다."

"당신의 경우 돌아간다 해도 결코 행복해진다고는 할 수 없습니다."

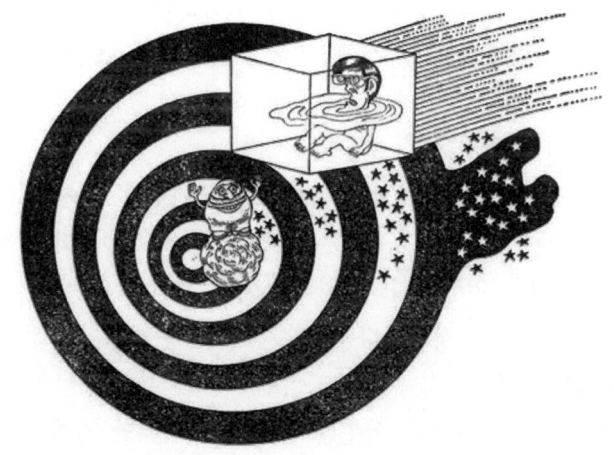

"어떻게 해서 그러한 것을 알 수 있는 것인가요?"
"아니 그렇게 생각했을 뿐입니다. 그렇게까지 바라신다면 검토해 보겠습니다."

의외로 시원스레 받아들여 준 것에 대해서 놀랐지만 이것은 나 한 사람만의 문제는 아닐 것이다. 여기에는 지구로부터 또는 다른 별로부터 끌려온 많은 이성인들이 살고 있다. 만일 이 사람들이 전원 즉각 철수해 버리면 아마 이 퀴리그국은 무너져 버릴 것이다. 그래서 퀴리그국의 사람들은 자기들만의 힘으로 이 나라를 유지해 갈 수 있도록 해두지 않으면 안된다.

"아까도 말한 것처럼 딴 별의 사람들의 원조를 받지 않으면 유지할 수 없는 것 같은 문화는 조만간 멸망해 버리는 것은 아닙니까?"

"어째서 그렇지요. 이성인들도 받아들인 새로운 형태의 문화로서 개변(改變)하여 가는 것은 아닙니까?"

"혹시 그럴지도 모릅니다. 그러나 퀴리그의 사람들 자신의 손에 의해서 개변하여 가는 것에 비해서 이성인의 도움을 얻는다는 것은 허전하다고 생각하지 않습니까?"

"어째서 허전한가요?"

"당신네들 자신의 손으로는 기계도 수리할 수 없습니다. 그러는 동안에 새로운 기계를 만드는 것조차 할 수 없게 되겠지요."

"그러한 일은 없습니다. 논리적으로 가능성이 있는 것은 무엇이든 만들 수 있을 것입니다. 그래서 그 가능성을 추구하는 것이 중요한 것입니다."

"그러나 당신네들처럼 서투른 솜씨로는 미세한 기계를 만드는 것은 어려운 것이 아닙니까?"

"아니요, 적당한 크기의 물건을 만들어 그것을 축소·확대하는 것을 자유롭게 할 수 있는 것이니까 얼마든지 미세하고 정밀한 기계를 만드는 것이 가능합니다."

머리뿐 아니고 손끝을 움직이고 몸도 움직임으로써 보다 지능을 훈련하는 편이 머리 그 자체의 발달도 촉진하는 것이 된다는 것을 주장하고 싶었던 것이다. 이 문제에 대해서 몇 번인가 아타스마 씨와 논의하였지만 결국 아타스마 씨의 찬성을 얻을 수는 없었다.

지구로의 귀환을 건 문제

이 대담을 한 며칠 후 아타스마 씨는 내가 귀국할 수 있는 하나의 찬스를 부여한 것이다.

"귀국하고 싶다는 희망에 부응하도록 해드리지요. 그를 위해서 나와 하나의 게임을 해보지 않겠습니까?[1] 그 게임에 당신이 이

긴다면 귀국을 허용하겠습니다. 그렇지 않을 때는 지금까지와 마찬가지로 이 나라에 남아 있도록 합니다."

"게임으로 한다는 것은……."

나는 놀라움을 감출 수 없었다. 아타스마 씨는 태연하게 말했다.

"논리적인 게임입니다. 어린이들에게 가르치고 계시는 내용을 들으니까 당신도 제법 논리적 사고력이 있는 분처럼 보입니다. 그래서 나와 그 논리의 힘을 겨루어 보려는 것입니다. 재미있는 생각이라고 생각되지 않습니까?"

사람의 운명을 게임으로 결정하다니……. 그러나 주사위를 던져서 우연히 나온 끗수에 의해서 운명을 결정하는 것에 비하면 논리적 게임에 의해서 결정한다는 것이라면 자기의 사고에 의해서 선택할 수 있을 것이다. 이것은 나의 의사에 의해서 결정되고 그 결과는 나의 책임이라고 생각된다. 이 게임은 반드시 대등하다고는 할 수 없고 아타스마 씨의 페이스에 의해서 결정된 것이지만 나에게 하나의 찬스를 부여했다는 의미에서는 크게 환영해야 할 일이다. 따라서 나는 아타스마 씨의 이 도전을 받아들이기로 하였다.

"해봅시다."

"그러면 좋습니다. 지금부터 하나의 방으로 안내합니다. 그 방으로 들어가면 그 정면에 2개의 문이 있습니다. 어느쪽인가 한쪽의 문으로 나가면 희망한 대로 당신의 별로 돌아갈 수 있는 것입니다. 또 한쪽의 문을 선택하면 유감스럽게도 여기에 머물러 있지 않으면 안됩니다."

"그것으로는 아무것도 논리적 게임이라고는 할 수 없지 않습니

까?"

"마지막까지 이야기를 들어보십시오. 그 방에는 두 사람의 사나이[2]가 있는데 그들은 퀴리그별 내의 다른 종족의 사람들입니다. 그러나 그중의 한 사람은 언제나 사실을 말하는 정직족이고 또 한 사람은 언제나 거짓말을 하는 거짓말쟁이족입니다. 당신의 말은 그 두 사람에게 통하지 않으므로 통역으로서 구츠야지 씨를 동행시키겠습니다.

당신이 두 사람의 어느쪽인가에 대해서 한번만 질문하는 것을 허용합니다. 그 질문의 내용을 구츠야지 씨가 충실하게 두 사람에게 통역해 줄 것입니다. 그러면 질문을 받은 사나이가 '팔'이나 '다아'의 어느쪽인가의 대답을 무표정하게 할 것입니다[3].

이 팔과 다아는 세이(예·Yes)을 의미하든가, 온(아니오·No)를 의미하든가의 어느쪽이지만 그 어느쪽인지는 알 수 없습니다. 당신은 이 대답을 듣는 것만으로 자신의 희망이 이루어지기 위한 정보를 얻으려면 어떠한 질문을 하면 되는가 하는 것입니다."

아타스마 씨는 싱글벙글 웃고 있다. 그는 이 게임을 즐기고 있는 것처럼 생각되었다.

"거듭 부가해 두지만 두 사람 중 어느쪽이 정직족인지는 알 수 없습니다. 더구나 두 사람은 모두 머리가 좋아 그들의 논리적인 판단력은 신뢰할 수 있다는 것을 첨언해 둡니다.

구츠야지 씨는 통역의 역할 뿐이고 그에게 질문하는 것은 허용하지 않습니다. 구츠야지 씨로서도 정해(正解)가 어느쪽 문인지, 어느쪽이 정직족인가라는 것은 모르므로 대답할 수 있을 리가 없겠지만.

질문의 말을 간단히 하기 위해서 당신의 별로 돌아갈 수 있는 문을 '귀국문'이라 이름 붙이고 여기에 남게 되는 문을 '잔류문'이라 하기로 합니다. 이렇게 해두는 편이 당신도 질문하기 쉬울 테니까요."

나는 머리가 혼란스러워짐을 느꼈다. 어떻게 질문하면 되는 것일까? 정리해 볼 필요가 있다. 질문의 내용을 P라 하자. P냐고 물었을 때 상대방이 팔이라고 대답해 주었을 때만 왼쪽의 문이 귀국문이 되도록 질문 P를 만들면 된다. 그러면 이 P를 어떻게 해서 만들면 되는 것일까.

알고 싶은 것은 왼쪽이 귀국문인지 아닌지라는 것이다. 그래서 '왼쪽이 귀국문이다'라는 명제를 Q라 두기로 하자. 거듭 P를 결정하기 위해 필요한 명제는 무엇과 무엇일까. 질문한 상대방이 정직족인지 어떤지는 필요하다. 따라서 '질문한 상대방이 정직족이다'라는 명제를 H라 한다. 거듭 팔이 Yes를 의미하는지 어떤지도 필요해질 것이다. 그래서 '팔이 Yes를 의미한다'라는 명제

를 B라 적기로 한다. 그렇게 하면

(1) P냐고 질문했을 때 상대방이 팔이라고 대답한다는 명제는

(2) $H \equiv (P \equiv B)$

라 기호화된다[4]. 여기서 $\equiv$는 동치(同値)를 나타내는 기호이다.

(가) 상대방이 정직족일 때

팔이 Yes를 의미하는가 No를 의미하는가에 따라서 P가 성립하는가 성립하지 않는가이므로 (1)과 (2)는 동치가 된다.

(나) 상대방이 거짓말쟁이족일 때

팔이 Yes를 의미하는가 No를 의미하는가에 따라서 P가 성립하지 않는가 성립하는가이므로 (1)과 (2)는 동치이다.

이것으로 (1)과 (2)의 동치성은 성립하였다. 그렇게 하면 P에 적당한 명제를 대입해서 Q라는 결론이 나오도록 하면 될 것이다.

P에 $H \equiv (Q \equiv B)$를 대입하면 (2)는

(3) $H \equiv ((H \equiv (Q \equiv B)) \equiv B)$

가 되는데 이것의 명제 계산을 해보면 Q가 된다. 즉 (3)은 Q와 동치이다.

이러한 것이 성립하기 위해서는 연산 $\equiv$에 대한 결합률

$$(X \equiv Y) \equiv Z \Longleftrightarrow X \equiv (Y \equiv Z)$$

와 교환율

$$X \equiv Y \Longleftrightarrow Y \equiv X$$

및 간략화의 공식

$$X \equiv (Y \equiv Y) \Longleftrightarrow X$$

등을 사용하면 된다.

이리하여 P로서 'Q인가라고 질문을 받았을 때 당신은 팔이라 대답한다'라는 명제를 생각하면 되는 것이므로 다음과 같이 질문

한다.

"왼쪽의 문이 귀국문입니까라고 질문을 받았을 때 당신이라면 팔이라 대답합니까?"

만일 '팔'이라고 대답하면 아까 생각한 것처럼 이것은 Q와 동치가 되므로 왼쪽의 문으로부터 나가면 된다. 만일 '다아'라고 대답하면 오른쪽 문으로 나가면 되는 것이다.

나는 한 사람의 사나이에게 질문하였던 바 그는 잠시 생각하더니 '다아'라고 대답하였으므로 나는 오른쪽 문으로 나갔다. 거기에는 상당히 큰 원반정(円盤艇)이 기다리고 있었다. 아타스마 씨와 세 어린이들도 전송하러 나와 있었다. 아타스마 씨는 말했다.

"역시군요. 딴 별에도 당신처럼 지성적인 인간이 있다는 것은 정말 기쁜 일입니다."

어린이들은 말을 하지 않고 가만히 나를 바라보고 있을 뿐이었다. 출랑대는 유치 군도 눈물을 글썽거리고 있었다. 나는 두 손을 내밀어 어린이들의 손을 감싸듯 쥐었다. 치이 양의 손은 죽은 사람처럼 차가웠다.

"안녕."

"에이프."

이것이 어린이들과의 마지막 말이 되었다. 어린이들은 손을 크게 돌려 큰 고리를 그리면서 차츰 그 고리를 작게 해갔다. 안녕의 신호인 것 같다. 원반정에 올라 타고 좌석에 앉아서 작은 창으로부터 전송하는 사람들을 보고 있는 동안 또 강한 섬광을 느꼈다고 생각하자 나는 의식을 잃어버렸다.

〈주〉

(1) 케메미 등의 저서 『새로운 수학』 중에 이것과 같은 경향의 문제가 있다.
(2) 두 사람일 필요는 없다. 정직족인지 거짓말쟁이족인지 모르는 사람이 한 사람 있는 것만으로 된다.
(3) 팔이나 다아로 대답하는 문제는 스마리얀 『이 책의 제명(題名)은?』에 나와 있다.
(4) 이러한 기호화는 오니시 마사오(大西正男) 선생에 따른다. 오니시 선생은 동치기호 ≡도 생략하고 이 식을 $H(PB)$라 적는 것을 권장하고 계시다. 왜냐하면 뒤에서 언급하는 것처럼 결합률이 성립하고 있으므로 이것은 단순히 HPB라고도 적을 수 있고 교환율도 성립하여 XX는 단위원(單位元)으로 되어 있으므로 극히 간단히 처리할 수 있기 때문이다(이 경우 $\Longleftrightarrow$인 기호는 등호 =로서 취급할 수 있다).

귀국 후의 일

얼마만큼의 시간이 흘렀던 것일까. 눈을 뜨고 보니 그리운 밀물의 파도 소리가 들린다. 나는 허탈 상태에 있었다. 오랫동안 다른 별에서 살아 이러한 자연에 접하는 일이 없었던 탓일까. 하늘을 쳐다보고 바다를 바라보며 솔밭을 보고 모래를 만지면서 나는 절실히 지구를 느끼고 있었다. 여기는 어디일까. 언젠가 온 일이 있는 해안 같기도 하다. 혹시 덴시노우라의 센본 솔밭이라면 후지산이 보여야 할 것이다. 그러나 하늘은 흐려서 아무것도 보이지 않았다.

먼 하늘에 연이 두세 개 날고 있다. 모래 해변을 사람을 찾아서 그 방향으로 걷기 시작했다. 연은 얏코다코[역주 : 에도 시대 무가의 하인의 모습을 본떠서 만든 연]가 아니고 서양식 카이트(kite)였다. 이만큼 추운 것을 보면 지금은 겨울일 것이다.

연을 날리고 있었던 것은 그리운 일본의 어린이들이었다. 어린이들과 이야기 해보고 알게된 일이지만 여기는 역시 덴시노우라라 한다. 그러나 놀랍게도 1981년의 정월이라는 것이다. 내가 일본을 떠나서 2, 3년밖에 경과하고 있지 않다고 생각했는데 벌써 8년이나 지나고 있다는 것은……. 속은 것 같은 기분이었지만 이것은 사실인 것 같다. 그렇다면 지금 나는 우라시마[浦島, 역주 : 일본 전설의 주인공인 우라시마 타로를 말하며 구해준 거북의 안내로 용궁에 가서 잘 지내고, 선물로 얻어서 돌아온 손궤를 열었더니 흰 연기가 나며 순식간에 백발 노인이 되었다는 전설임]인 것이다.

어디보다도 가장 먼저 찾아가고 싶은 곳은 치에 양의 무덤이었다. 거기는 그날 치에 양의 유품도 묻은 곳이다. 나무로 만든 묘표(墓標)는 풀에 파묻히고 아래쪽부터 썩기 시작하고 있었다. 지금은 아무도 성묘하는 사람이 없는 것일까. 나는 벌초를 하고 헌

화를 하며 무덤 앞에서 치에 양과의 추억을 더듬어 보았다.

 나는 우애원을 방문하여 원장인 아버님을 만나서 어린이들의 성장하는 모습에 대해서 물어 보고 싶어졌다. 아울러서 나의 이 불가사의한 체험을 이야기 해보는 것도 무의미하지는 않다고 생각하였다.

 아버님은 부쩍 백발도 늘고 몹시 나이를 드신 것처럼 생각되었다. 놀란 것은 나를 조금도 기억하고 있지 않다는 것이다. 치에 양의 일이나 그 밖의 어린이들의 일을 이야기 해보면 모두 기억하고 계시는데 나에 대한 일이 되다 보면 완전히 잊고 계시다. 유이치 군은 이미 우애원을 나가서 회사에 근무하고 있다 하고, 당시 국민학교 3학년이었던 요시오 군은 지금은 고교 2학년이 되어 있었다. 그러나 그 요시오 군도 나에 대한 것은 조금도 모른다고 한다. 나는 허무한 고독감을 느끼고 있었다. 나의 체험담을 이야기 해도 기분 나빠할 뿐이고 진지하게 상대도 해주지 않는다.

 잠시 우애원에서 기거하면서 어린이들을 돌보고 싶다고 제의해 보았지만 거절당했다. 어딘가 취직할 수 있는 곳을 부탁해 보았으나 아무튼 이력서와 호적등본이 없으면 안된다고 한다. 당연하다고 생각하여 구청에 가보고 놀랐다. 어린 시절부터 나의 본적지는 이 우애원으로 되어 있었을 터인데도 미다 타로가 거기에 적을 둔 일조차 없다는 것이다. 나의 과거의 존재를 증명해 주는 것은 아무 것도 없는 것이다.

 우애원에 가도 원장님은 물론 어린이들도 누구 한 사람 나에게 말을 걸려고 하지 않고 나의 이야기를 들으려고도 하지 않는다. 나는 완전히 무시되고 있었다. 그렇게도 동경하던 지구에 돌아왔지만 한없이 슬펐다. 아타스마 씨가 말하고 있었던 것처럼 지구로 돌아가지 않는 것이 행복하였다. 이러한 상태로 지구에서 살아간다는 것은 이미 불가능하다.

그러나 나의 이 불가사의한 체험만은 꼭 써서 남기고 싶다. 아니, 써서 남겨야 할 의무가 있는 것처럼 생각되었다. 나는 이렇게 생각하여 퀴리그에서의 어린이들에게 가르친 수학의 이야기를 적어 두기로 하였다. 그것이 이 수기다.

본의가 아닌 부분도 있지만 그 해 1월 19일 밤, 그럭저럭 다 쓸 수 있었다. 내일 우애원의 원장님께 이것을 보내고 미련없는 이 세상을 떠나서 치에 양이 있는 세계로 여행을 떠나고 싶다. 10년 정도 치에 양을 만나는 날이 늦어져 버렸지만…….

제2부

웃지 말 것 — 웃음과 패러독스

거짓말과 웃음

'머리말'에도 적은 것처럼 패러독스와 거짓말과의 사이에는 밀접한 관계가 있다. 특히 웃음과의 관련을 생각할 때는 거짓말은 아무리 해도 간과할 수는 없다. 일본이나 중국의 소담(笑談) 중에 나오는 거짓말에는 백발삼천장(白髮三千丈)식의 '허풍'이 많다. 한편으로는 상대방을 '속인다'는 의미로 거짓말을 하는 일도 많은 것처럼 생각된다.

논리적인 패러독스와 관련이 깊은 거짓말은 진리에 대립하는 허위라 생각되어 진리가 아닌 것, 옳지 않은 것이 거짓말이다. 미다 씨의 수기 속에 나오는 '거짓말쟁이의 패러독스' 등도 이러한 논리적인 거짓말이다. 이러한 거짓말은 소담 중에서는 '자기모순'되고 있는데도 그렇다고는 알아차리지 못하고 있는 부분에 생기는 우스꽝스러움으로서 나타난다.

결국 웃음 속에 생기는 거짓말의 타입을 분류해 보면 다음의 세 가지 유형으로 나뉘어질 것이다.

(a) 허풍
(b) 속임
(c) 자기모순

이들 세 가지 타입에 속하는 거짓말을 소담 중에서 찾아보기로 하자. 특히 패러독스와의 관계에서 찾는다면 마지막의 (c)가 중심이 된다.

(a) 허풍

허풍쟁이를 '뻥쟁이'라든가 '대포'라 하는데 이와테(岩手) 현 시바(紫波) 군에서 전해지는 옛날 이야기로서 다음과 같은 '뻥

시합'의 이야기가 있다.

「옛날에 서울의 뻥쟁이가 시골의 뻥쟁이와 뻥 시합을 할 작정으로 시골에 찾아왔더니 시골 뻥쟁이는 부재 중이고 그 아이만이 빈집을 지키고 있었다. 아버지는 어디 갔느냐고 물었더니 아버지는 수미산(須彌山)이 무너질 것 같다 하여 삼베끈을 세 가닥 가지고 버티러 갔다고 대답했다. 그러면 어머니는? 이라 물었더니 어머니는 천축(天竺)의 8일장에 벼룩의 가죽 1천매와 이의 가죽 1천매를 가지고 장사하러 갔다라고 대답했다. 아이조차도 이 정도의 뻥쟁이니까 아버지는 얼마나 대단한 뻥쟁이일지 모른다고 두려워 하여 그냥 돌아갔다.」

이 이야기는 라쿠고[落語, 역주 : 재미있는 익살과 결말로 끝을 마무리하는 일종의 만담. 메이지 시대 이후의 호칭]인 '거짓말쟁이 마을'과 꼭 닮았다. 아마 라쿠고가 이러한 옛날 이야기를 바탕으로 하여 만들어낸 것일 것이다. 마찬가지로 라쿠고의 '거짓말쟁이 야타로(彌太郞)'도 큰 뻥 이야기이다.

「야타로가 추운 지방으로 떠나서 여관에 묵었다. 너무나도 추워서 차라도 마셔서 몸을 녹이려고 생각하여 차를 부탁했더니 여자 종업원이 차를 가지고 와서 차를 갈아 잡수십시요라 말한다. 이상하구나 생각하고 보니까 과연 차가 얼어 있다. 밑에서는 뜨거웠는데 2층으로 가지고 오는 동안에 얼어버린 것 같다. 비까지 얼어 버려 유리 막대기와 같은 비가 내리므로 생철로 만든 우산을 받치고 있다. 그 중에서도 재미있는 것은 안녕하세요라는 아침 인사말의 목소리까지도 얼어 버린다는 것이다. 눈이 깊게 쌓여 있기 때문에 맞은편 사람과 이야기를 하려면 속을 도려낸 대나무를 건너질러 놓고 그 구멍을 통해서 말을 한다. 시골 사람은 공손하기 때문에 아침에 일어나면 밤새 안녕하십니까라고 모두 말한다. 워낙 춥기 때문에 그 목소리가 여기서도 저기서도 대나무 속에서 얼어 버린다. 그것을 잘게 썰어서 1개에 얼마씩 받고 팔고 있다. 그것을 여자 종업원 방의 오지 냄비에 넣고 불을 지펴 두면 아침녘에 '안녕하세요'가 녹아서 눈 속을 맞은편까지 통과할 정도의 큰 목소리로 안녕하세요, 안녕하세요라 말하므로 어떠한 잠꾸러기 여자 종업원이라도 잠이 깬다.」

이러한 난센스가 되는 큰 뻥 이야기에는 죄가 없다. 거짓말을 하였다 해도 상대방은 거짓말이라고 바로 알 수 있는 것이기 때문에 속을 염려는 전혀 없다. 패러독스와도 관련이 있을 듯한 난센스 이야기를 몇 가지 채택하여 둔다. 그 하나로서 라쿠고인

'머리산(山)'이 있다.

「어떤 구두쇠가 벚나무 열매를 먹는데 씨까지도 아깝다 하여 함께 삼켜 버렸다. 그런데 이 씨가 뱃속에서 싹이 트고 차츰 자라서 머리를 뚫고 나와 훌륭한 벚나무가 됐다. 봄에는 멋진 꽃이 피어 꽃놀이꾼이 많이 모여서 마셔라, 노래 불러라의 대소동이다. 매일매일 머리 위가 시끄러워서 밤에도 안심하고 잘 수 없으므로 이윽고 그 벚나무를 뽑아 버렸다. 그런데 뽑아 버린 다음에 그 곳에 큰 연못이 생겨 유원지가 되었기 때문에 어린이들이 매일 놀러와서 보트를 탄다, 고기를 낚는다 하므로 하루종일 시끄러워 견딜 수 없다. 이윽고 노이로제에 걸려 자기 머리의 연못에 투신자살했다.」

자기 머리에 투신자살한다 함은 패러독스라고밖에는 말할 도리가 없다. 또 한가지 라쿠고인 '소쿄츠 나가야(長屋)'에 나오는 이야기를 채택하여 보자.

「"어이, 고로베에(五郎兵衛), 저 골목에 자네가 쓰러져 죽어 있단 말야. 그런데도 그러한 침착한 태도는 뭐야."라는 말을 듣고 깜짝 놀랐다. "뭐! 내가 쓰러져 죽어 있다고? 그거 큰일인데."라 하고 황급히 그 장소에 가보니 죽은 사람에 거적이 덮여 있다. 거적을 걷어 올려서 자세히 살펴보니 확실히 자기와 꼭 닮았다. "야, 이 내놈아. 어쩌면 이렇게 비참한 모습이 돼버리고……. 이럴줄 알았더라면 더 맛있는 것을 먹어 두었으면 좋았는데."라고 울면서 시체를 부둥켜 안는다. 그러나 무엇이 무엇인지 모르게 돼버렸다. 안겨 있는 것은 확실히 나이지만 안고 있는 나는 도대체 어디의 누구일까?」

이와 비슷한 이야기는 중국의 소담 중에도 있으므로 그것들이 이 라쿠고의 출전(出典)인지도 모른다.

「마을의 관리가 범죄를 저지른 중을 유형지(流刑地)로 호송하는 도중 어떤 주막에 머물렀다. 그때 중은 술을 사서 마을의 관리가 술에 곯아떨어지게 하고 그 관리의 머리를 칼로 밀어서 까까머리로 만든 다음 목에 밧줄을 걸어 두고 도망쳤다. 다음날 아침 잠이 깬 마을의 관리는 중이 없어져 깜짝 놀라서 허둥대며 자기의 머리를 만져 보니 머리털이 없다. 게다가 목에는 밧줄이 걸려 있으므로 당황하여 소리질렀다. "중은 확실히 여기 있다! 하지만 나는 도대체 어디로 가버린거야?"」

자기가 자기자신에 대하여 '자기는 누구일까'라고 자문하는 부분 등은 확실히 패러독스라 할 수 있을 것이다.

(b) 속임

'거짓말쟁이는 도둑의 시초'

'거짓말을 하면 지옥에 간다'
라는 속담이 있는 것처럼 거짓말을 한다는 것은 좋지 않은 일이라고 일반적으로 생각되고 있다. 이것은 거짓말을 하면 사람을 속이는 것이 되기 때문일 것이다.

그러나 속일 작정은 전혀 아니었는데도 불구하고 결과로서 거짓말을 한 것이 되는 일은 흔히 있다. 예컨대 일기예보의 예보관 등이 그렇지 않을까. 또 데이트 약속을 했지만 부득이한 사정이 있어 약속을 지킬 수 없었던 일도 있을 것이다. 일기예보는 지금으로서는 그다지 신용하고 있지 않기 때문에 '속았다'라고 화내는 사람이 없을지도 모른다. 데이트 약속도 그 사정을 알게 되면 용서받을 수 있겠지만 '부득이한 사정' 그 자체가 거짓말이었을 경우에는 이것은 파국을 맞이하게 될 것이다. 결국 속일 작정이 아니었던 거짓말은 허용된다고도 생각할 수 있다.

그런데 무지(無知)때문에 거짓말을 거짓말인지 모르면서 가르치는 선생, 이것은 속일 작정이 아니었다 하더라도 용서될 수 있을까. 이 경우는 거짓말을 하는 것이 비난의 대상이 되는 것이 아니고 무지라는 쪽이 비난되어야 할 것이다. 즉 이 경우는 속이는 일과는 별개 문제라 생각하는 편이 좋을 것 같다.

상대방을 속일 작정으로 거짓말을 한 경우에서조차 용서되는 일이 있다. 예컨대 환자에게 암이라는 것을 숨기고 거짓말을 하는 경우 등이다. 또 교육적 배려에서 진실을 사실대로 가르치지 않는 편이 좋다고 판단되는 일도 있다. 그러나 환자 또는 어린이가 그것이 거짓말이라는 것을 알게 된 경우 마이너스 효과 쪽이 큰 일도 있으므로 탄로나지 않도록 거짓말을 관철하지 않으면 안 된다.

연애같은 것은 상호간의 속임일런지도 모르고 가령 거짓말이라도 좋으니 '사랑하고 있어'라는 말을 듣고 싶은 기분조차 가지는 것이다. 아무튼 '탄로나지 않는 거짓말'을 기대하고 있다고도 할 수 있을 것이다. 그러나 탄로나지 않는 한 그것은 거짓말이 아니고 당사자로서는 진실이지만…….

　이러한 '선의의 거짓말'에 반해서 상대방을 속임으로서 스스로의 이권을 얻으려고 하는 거짓말도 있다. 그중엔 정치가나 권력자가 즐겨 이용하는 '악의의 거짓말'도 포함되어 있지만 약한 스스로의 권리를 지키기 위한 거짓말도 있다. 이것을 '방편(方便)으로서의 거짓말'이라 하기로 하자. 이것은 속이는 쪽과 속임을 당하는 쪽이 대등한 입장에 서 있을 때에 한해서 허용되는 거짓말이다.

　또 한 가지 '웃음을 자아내는 거짓말'이라고도 하여야 할 거짓말이 있다. 최초의 허풍으로서의 거짓말도 이 안에 포함되지만 속임을 당한 다음이 돼서 엉겁결에 '한방 먹었구나'라고 웃을 수 있는 것 같은 거짓말, 유머가 있는 거짓말이다. 그러나 이것은 속이는 쪽과 속임을 당하는 쪽과의 사이에 유머를 느낄 수 있는 것 같은 인간 관계가 없는 한 성립하지 않는다. 이러한 예를 우스개 이야기 중에서 채택해 보자.

　중국의 오래된 우스개 이야기 중에 다음과 같은 것이 있다.

　「제자에게 『논어』를 가르치고 있는 선생, 갑자기 졸음이 와서 그만 꾸벅꾸벅 했다. 그리고 문득 정신이 들어 당황하면서 "나는 꿈에 주공(周公)을 보고 왔다."라 말했다. 다음날 이번에는 제자가 앉아서 졸고 있었다. 선생이 회초리로 책상을 두들겼더니 제자는 잠이 깨서 "저도 꿈에 주공을 보고 왔습니다."라 대답했다.

"그러면 묻겠는데 주공이 너한테 무어라고 말씀하셨는고?" "네. 어제 선생님을 만나지 않았다고 말씀하셨습니다."」

또 하나 중국의 우스개 이야기에서.

「어떤 귀인이 2층에서 아래층에 있는 소년을 불러서 말했다. "너는 사람을 잘 속인다고 하는데 나를 멋지게 속여서 아래층으로 내려가게 할 수 있을까?" 그러자 소년은 "2층에 계시는 당신을 속여서 아래층으로 내려오시게 하다니 그러한 것을 할 수 있을 리가 없습니다. 혹시 당신께서 아래층에 계신다면 속여서 2층으로 올라가시도록 할 수는 있습니다마는."이라 대답했다. 귀인이 "좋아, 그러면 해봐."라 말하고 내려와서 "자, 어떻게 해서 나를 2층으로 올라가게 하지?"라 말하니 소년은 "보세요. 당신을 속여서 아래층으로 내려오게 했잖아요. 그것으로 된 것 아닙니까?"」

이번에는 에도(江戶) 시대의 짤막한 우스개 이야기 안에서 채택하여 보자.

「집앞을 중이 지나가는 것을 보고 마누라 "이 얼마나 더러운 중인가요."라 말한다. 남편 "함부로 말하는 것이 아니야. 홍법대사(弘法大師)인지도 모르잖아."라 말했더니 중이 멈추어 서서 "나무아미타불, 탄로났다."라 말한다. 남편이 이상히 여겨 "거참, 발칙한 중이야. 홍법대사일지도 모른다고 했더니 탄로났군이라 지껄였겠다."라 말하였더니 중 "또다시 탄로났군."」

「분지(文次)가 친구들에게 거짓말하기 모임의 안내장을 발송했다. "때는 바야흐로 초봄이라 시가관현(詩歌管弦)의 첫모임이 여기저기서 개최되고 있습니다. 우리들도 거짓말하기 첫모임을 열지 않겠습니까. 11일 오전 여러분께서 부부동반으로 저의 집에

오시기 바랍니다." 친구들은 "분지 녀석, 어떠한 거짓말을 할 작정인지 가서 들어보자."라 하고 부부동반으로 분지의 집을 방문하여 안내를 청했더니 그 부인이 뛰어나와 말한다. "주인은 오늘 아침 일찍부터 외출하고 안계십니다."」

「거짓말쟁이의 명인이 "마루 밑의 항아리에 돈이 있다."라 유언했다. 죽은 뒤 열어보니 "거짓말하기 끝"이라 적은 종이 쪽지 한 장이 들어 있었다.」

여기서 거짓말하기의 정의다운 것을 부여해보기로 하자. 거짓말을 한다는 것을 '옳지 않은 것을 말하는' 것이라 정하여 보자. 그렇게 하면 일기예보가 빗나갔을 때 결과로서 예보관은 거짓말을 한 것이 돼버린다. 거짓말을 하지 않도록 하려면 진위가 분명한 것밖에 말할 수 없게 돼버릴 것이다. 그런데 이 세상에 진위가 명확한 것 등이 얼마만큼 있을까. 그렇다면 거짓말을 하지 않는다는 것은 말을 할 수 없게 된다는 것을 의미하는 것이 돼버릴 것이다.

보통 거짓말쟁이라 하는 경우 일의 진위보다도 속인다고 하는 것을 의미하는 것이 강한 것처럼 생각된다. 즉 자기는 거짓말이라는 것을 알고 있는데도 상대방을 속일 작정으로 굳이 거짓말을 주장하는 것 같은 경우 거짓말을 했다라는 것일 것이다. 그러한 의미에서라면 '거짓말을 한다'는 것은 '자기자신은 옳지 않다고 생각하고 있는 것을 (상대방을 속일 목적으로) 말하는 것이다.'라고 정의 할 수 있다.

이와 같이 정의하면 거짓말이란 모르고 말하는 경우는 거짓말을 한 것으로는 되지 않고 거짓말 쪽을 믿고 있는 인간에게는 객관적으로 옳은 것을 말할 때야말로 거짓말을 한 것이 된다. 이

점에 대해서 스마리얀은 재미있는 예를 인용하고 있다[1]. 어떤 정신병 환자가 자기를 나폴레옹이라 믿고 있는 것으로 한다. 그에게 "당신은 나폴레옹입니까?"라고 물었더니 그는 망설이면서 "아니요, 틀립니다."라 대답했다. 이 경우 그가 말한 것은 확실히 옳음에도 불구하고 분명히 거짓말을 했다고 그 자신은 생각하고 있다. 왜냐하면 그를 '거짓말 탐지기'에라도 걸었다 하면 바늘이 크게 움직여서 그가 거짓말을 하고 있다는 것을 보일 것이기 때문에.

그러나 앞에서의 정의 중에서의 '상대방을 속일 목적으로'라는 부분은 불필요했다. 왜냐하면 자기가 옳지 않은 것을 주장하는 것 자체가 자기가 상대방을 속이고 있다는 의식을 이미 갖고 있을 것이기 때문이다.

(c) 자기모순

여기서는 논리적인 허위로서의 거짓말을 들 수 있다. 이제까지의 허풍 이야기라든가 사람을 속이는 이야기 등은 인간 관계 속에 생기는 거짓말이다. 그러나 거짓말 중에는 인간 관계와는 관계없이 생기는 객관적인 거짓말, 논리적인 허위를 의미하는 거짓말이 있다. '2 더하기 3은 4이다'라는 것은 거짓말이고 객관적인 거짓말이다. 또 미다 씨의 수기 속의 '가짜 증명' 등은 허위이고 그 허위의 원인을 규명시키는 것에 교육적 의미가 있다.

그러나 이러한 객관적인 거짓말만으로부터는 아무런 웃음도 생기지 않는다. 타인과의 관계는 없지만 자기자신이 거짓말을 거짓말이라고는 알아 차리지 못하고 말하는 거짓말, 자기모순을 포함하고 있는 거짓말, 거기에 타인은 재미를 느끼는 것이다. 여기서는 우스개 이야기 중에서 이러한 예를 몇 가지 들어 보자.

㈎ 어떠한 말이건 말을 하는 것만으로 자기모순이 될 때

「세 사람이 모여서 밤중까지 말없이 달을 배례(拜禮)하자고 약속한다. 한 사람이 하품을 하고 "말을 하지 않고는 견딜 수 없어."라 말했더니 또 한 사람이 "무언의 약속을 하고 말을 하는 것이 아니야."라고 나무랬다. 그러자 나머지 한 사람이 "아직 말을 하지 않은 것은 나뿐이다."」

이 이야기의 원래의 이야기는 중국의 우스개 이야기 속에서 볼 수 있는데 일본에서도 가마쿠라(鎌倉)시대의 설화(說話)집 『샤세키(沙石)집』 속에 다음과 같은 이야기로서 나와 있다.

「4명의 상인[上人, 역주 : 지덕을 갖춘 불제자]이 나란히 앉아 7일간의 무언의 수행을 시작했다. 나이 어린 중이 한 사람 들어왔을 때 말석의 중이 "등불의 심지를 돋우시오."라 명령하였다. 옆자리의 중이 "무언도장에서는 말을 하여서는 아니 됩니다."라고 말했다. 제2좌의 중이 두 사람 모두 말을 하는 것을 너무나도 안타깝게 생각하여 "말을 하는 것이 아니다."라고 나무랬다. 상좌의 중이 각각이 모두 말을 한 것이 한심하고 답답하게 느껴져 "말을 하지 않은 것은 나뿐이야."라 말씀하셨다.」

마찬가지 우스개 이야기를 조금 더 들어 두자.

「어떤 집의 툇마루 밑에 도둑이 몰래 들어가 숨어 있었다. 한밤중 덧문짝이 바람에 '봉' 소리를 낸 것을 들은 집주인이 "당신이 방귀 뀌었나?"라고 물었더니 마누라는 "아니예요, 저는 아닙니다."라 대답했다. 집주인이 "그렇다면 도둑이 어딘가 있어 뀌었겠지."라고 말을 하였기 때문에 툇마루 밑의 도둑이 참다 못해

"이것 폐를 끼쳤습니다."」

「겁이 많은 점원 한 사람이 밤에 빈 집을 지키고 있는데 현관을 두드리는 소리가 난다. "아이구 무서워."하며 이불을 뒤집어 쓰고 떨고 있었다. 찾아온 사람이 계속해서 문을 두드렸으나 대답이 없으므로 "이거 집이 비었군."이라 말했더니 "네."하고 대답했다.」

「벙어리 거지가 어떤 집앞에서 구걸하고 있는 것을 보고 어떤 사람이 "저것은 가짜 벙어리지요."라 말했다. 주인이 그것을 듣고 "그렇게 말하면 안됩니다. 저 사람은 진짜 벙어리입니다."라고 말하였더니 그 벙어리가 기쁘게 생각하여 "예, 예."라 말했다.」

(나) 말하고 있는 내용이 지금 자기의 행동과 모순되고 있을 때

「겁이 많은 사무라이[역주 : 무사]가 밤에 변소에 가는 것이 어쩐지 무서워 마누라에게 등불을 들려서 갔다. 변소 안에서 "당신은 무섭지 않은가?"라 물었더니 마누라가 "무엇이 무서울 게 있

후지 산타로

사토 산페이

사토 산페이 「후지 산타로」
(79. 4. 11. 아사히 신문 게재)

습니까?"라 대답했다. "과연 무사의 아내야."」

「도적들이 전리품을 분배하기 위해 인기척이 없는 곳에 모였다. 어떤 도둑이 "방금까지 있었던 목걸이가 없다."라 말하니 다른 도둑이 "정말 이상한 일이야. 이 안에는 아무도 손버릇이 나쁜 사람은 없을 터인데."」

「어떤 사무라이가 산길을 막 지나갈 때 소나무 밑에 한 사람의 사무라이가 웃통을 벗고 앉아 있었다. 그 사무라이가 말을 걸어 "부탁이 있습니다. 실은 부득이한 사정이 있어 할복자살을 하지 않을 수 없게 되었습니다. 매우 죄송하지만 할복 후 목을 쳐 주시기를 부탁드립니다."라 말한다. 사무라이가 거절할 수도 없어 "그렇다면 목을 쳐 드리겠지만 결코 발설해선 안됩니다."」

이들 우스개 이야기는 모두 에도 시대의 우스개 이야기에서 나온 것인데 특히 최근의 우스개 이야기 중에 이러한 종류의 것이 많다. 고 (故) 오오히라(大平) 수상의 연설

제2부 웃지 말 것 — 웃음과 패러독스 187

'낭비를 없애가고 싶다고……'는 그대로 낭비를 만들고 있고 「모레 군(アサッテ君)」의 만화도 같은 경향의 것이다. 또 어머니가 아이를 향해서 "기도를 하면서 눈을 뜨는 아이가 어디 있어."라고 야단 쳤더니 아이는 "어떻게 해서 내가 눈을 뜨고 있는 것을 알았어요, 어머니."라고 반격을 가하여 끽소리 못했다는 우스개 이야기도 있다. 다음의 우스개 이야기는 아사히 신문의 독자 투고란 「광장(ひろば)」에 게재된 것이다.

「어떤 유명한 교육자의 강연회에 갔습니다. 어머니의 책임의 중대성과 존엄성을 연설한 다음 말씀하셨습니다. "자, 교육 강연회 등에는 너무 나가지 않는 편이 좋겠지요."」

「센류[川柳, 역주 : 5·7·5의 3귀 17음으로 된 풍자와 익살을 주로 한 일본의 단시(短詩)]에 열중하고 있는 할머니는 신문에 접어서 끼워 넣은 광고 전단의 흰 뒷면을 공책 대신으로 애용하고 있습니다. 양면

도카이바야시 사다오 「모레 군」

후지 산타로

사토 산페이

사토 산페이 「후지 산타로」
(80. 6. 19. 아사히 신문 게재)

에 인쇄되어 있는 광고 전단을 보면 "이런, 인색한 짓을 하다니."라면서 화를 냅니다.」

「오래간만에 사촌에게 전화했습니다. "최근에는 전화 요금이 비싸져서……."부터 시작해서 전기, 가스, 수도 요금을 어떻게 절약할 것인지 아이디어를 서로 이야기했습니다. 자, 나도 노력해서 절약하자라고 생각하고 문득 시계를 보았더니 벌써 1시간 반이나 지껄였습니다.」

「남편 70세, 나는 63세. 모두 건강하게 근무하고 있습니다. 내가 몸이 좋지 않았을 때 "당신도 나이가 들었으니 근무를 그만 두지."라고 말했습니다. 자기가 연상인데도 …….」

「중매쟁이 노릇을 하는 것을 아주 좋아하는 친구가 있습니다. 연령에 관계하지 않고 독신자라는 말을 들으면 정말 재빨리 상대자를 찾아옵니다. 그런데 그녀의 남편이 죽었기 때문에 어떤 사람이 선을 보라고 말했습니다. 그녀가 말하기를 "이 세상에는 정말 공연한 참견을 하는

제2부 웃지 말 것 – 웃음과 패러독스 189

사람이 있군요. 내버려 두세요."라
고 하더랍니다.」

 (다) 자기가 말하고 있는 말 속에
서로 모순되는 내용이 있을 때
우선 첫째는 모순(矛盾)이라는
말의 어원으로도 되어 있는 중국의
고사(故事)이다.

「초(楚)나라의 사나이가 방패
(盾)와 긴 창(矛)을 팔고 있다.
방패를 손에 들고 말하기를 "이
방패의 튼튼함으로 말할 것 같으면
어떠한 것으로도 이것을 꿰뚫을 수
없다." 또 긴 창을 손에 들고 말하
기를 "이 긴창의 날카로움으로 말
할 것 같으면 어떠한 것도 꿰뚫을
수 없는 것은 없다." 이것을 보고
있던 사람이 "그렇다면 당신의 그
긴 창으로 당신의 그 방패를 찌른
다면 도대체 어떻게 되는 것인
가?"」

'온갖 물건을 순식간에 녹여 버
리는 약을 발명하였다'라는 이야기
는 속지 않도록 조심하라는 것이
다. 왜냐하면 그러한 약을 넣어 두

도카이바야시 사다오 「모레 군」

는 용기도 녹아 버리기 때문이다. 그러면 이러한 우스개 이야기를 에도 시대의 짤막한 우스개 이야기 중에서 몇 가지 소개하자.

「남자가 모이면 반드시 시작되는 화제. "나는 숫처녀가 좋아." "아니야, 젊은 여인보다 중년 여인 쪽이 재미있네." "아니야, 나는 풋내기는 싫어."라고 말하고 있던 중, 누군가가 "아니야, 여자는 과부가 최고야."라고 말했더니 모두가 입을 모아 "그렇게 말하면 그렇지. 과부, 과부!" 그러자 한 사람이 "아아, 내 마누라도 빨리 과부로 만들고 싶네."」

「"우리집에 잘 오던 그 ××군이 죽었어." "뭐, 그 튼튼해 보이는 사나이가? 확실히 어제도 여기에 왔었잖아." "그래, 오늘 아침까지도 아무렇지도 않았는데 갑자기 죽었어." "더구나 남의 신세는 지지 않고 꼴깍 죽고 싶다고 언제나 말하고 있었으니 흡족하겠지. 살아 있었으면 필시 기뻐했을텐데."」

'(자기가 행운을 얻으려고 생각

도카이바야시 사다오 「모레 군」

제2부 웃지 말 것 — 웃음과 패러독스 191

하여) 마누라를 과부로 만들고 싶다'라든가 '살아 있었다면 (남에게 폐를 끼치지 않고 죽을 수 있어서) 기뻐하겠지'라는 것들은 모순을 포함한 명제이다. 다음의 것은 말한 뒤에 이내 그것과 모순되는 말을 내뱉는 우스꽝스러움을 노린 우스개 이야기다.

「"자네는 존경할 만한 사람이야. 우리집에도 많은 사람들이 찾아 오는데 이야기만 하면 남의 이야기를 하고 있네. 그에 반해서 자네는 조금도 남의 이야기를 하지 않는 거야." "네, 저는 남의 이야기를 하지 않도록 명심하고 있습니다. 이웃의 고베에(五兵衛) 어른처럼 남의 이야기를 하는 것은 볼꼴 사나우니까요."」

「점원을 불러 들여서 "이 이상 너를 여기에 둘 수는 없다. 너에게는 손버릇(도벽)이라는 나쁜 병이 있으므로 그래 가지고는 어디서 근무해도 잘 되지 않을 걸세. 그러니 마음을 바꿔서 그 버릇을 고치도록."이라 타이르고 해고시켰다. 4,

도카이바야시 사다오 「모레 군」

후지 산타로

사토 산페이

사토 산페이 「후지 산타로」
(81. 2. 4. 아사히 신문 게재)

5일 지나서 그 점원이 찾아와서 "덕분에 저도 이웃 마을의 쌀가게에 근무하게 되었습니다. 일전에 말씀하신 의견은 명심하고 있습니다. 그 답례로 주인어른께서 좋아하시는 햅쌀이 입하했을 때는 조금 훔쳐서 갖다드리지요."」

「아름다운 아가씨와 청년이 이야기를 하고 있다. 청년이 "당신 앞이라서 말하는 것은 아니지만 나는 여자를 아주 싫어합니다. 그래서 평생 결혼하지 않을 작정입니다."라 말했더니 아가씨는 "거짓말 말아요."라 한다. "정말입니다." "나도 남자가 싫으므로 결혼같은 것 하고 싶지 않습니다."라고 아가씨도 말한다. "그것 거짓말이겠지요." "아니에요. 정말이어요."라 대답한다. "그러면 서로 잘 닮은 사람끼리네요. 차라리 당신과 내가 부부가 되는 것은 어떨까요?"」

아사히 신문의 「광장」란에 다음과 같은 우스개 이야기가 나와 있었다.

「취직 시험에 대한 책을 보고 있

으니까 '면접에서는 책에 있는 내용대로 해서는 안된다'라 적혀 있었습니다. 그렇지만 그 책에는 면접 때의 복장, 머리 모양, 대답예가 그림까지 곁들여 적혀 있습니다.」

「친구로부터 들은 이야기. 미용실에 가서 머리를 커트했을 때 미용사가 "아름다운 머리네요."라고 칭찬했습니다. 돌아올 때 서비스로 샴푸를 주었습니다. '손상된 두발용'이었다 합니다.」

㈘ 소용이 없다는 것이 분명한데도 그것을 알아차리지 못할 때 이제까지의 ㈎에서 ㈐까지와 같은 자기모순이라고까지는 말할 수 없는 경우이다. 먼저 중국의 우스개 이야기 속에서 예를 들어보자.

「불사(不死)의 기술을 터득하고 있다는 사람이 있었다. 연(燕)나라의 왕이 사람을 보내서 그 기술을 공부시키려 하고 있었는데 꾸물꾸물하고 있는 동안에 기술을 터득하고 있는 자가 죽어 버렸다. "네가 꾸물거렸기 때문이다."라고 연나라 왕은 노여워하며 그 사람을 죽이려 했다.」

「어떤 도사(道士)가 옛날의 왕족의 집터에 잘못 들어가서 망령(亡靈)에 홀려 있던 때에 다행히도 마침 지나가던 사람에게 구조되었다. 도사는 그 사람에게 감사하면서 말했다. "살려 주셔서 참으로 고맙습니다. 여기에 부적을 갖고 있기에 답례의 증표로 이것을 드리지요."」

이 이야기는 에도 시대의 우스개 이야기로서 다음과 같이 되어 있다.

「산에서 기거하며 수행하는 중이 여우에 홀려 논두렁에서 말똥을 먹고 있는 것을 데리고 와서 간호를 해주었더니 가까스로 제

정신으로 되돌아 왔다. 이 중은 모두를 향해서 "아이구, 덕분에 살았습니다. 답례로 부적을 드리지요."」

㈐ 모순이라고까지는 말할 수 없으나 본말이 전도되어 있을 때 「'셋집 있음'이라는 표찰을 붙여 두면 어느새 누군가가 떼어 버린다. 셋집 주인은 이렇게 언제나 떼어 버려서 못 견디겠다 하여 나무 표찰에 써서 못질을 하고서는 "아이구, 이것으로 4, 5년은 견디겠지."」

「"지난번 매달아준 선반이 벌써 떨어졌어요."라고 불만을 말했더니 목수가 말하기를 "글쎄요, 그럴 리가 없을텐데 아마 무언가 물건을 올려 놓으셨겠지요."」

「달리기를 잘한다고 자랑하는 사나이가 있었다. 언젠가 도둑을 추격하고 있었는데 저쪽에서 친구가 와서 "뭐야, 뭐야?"라 묻는다. "도둑을 추격하고 있어." "그 도둑은?" "저런! 뒤에서 오고 있네."」

이것들은 모두 유명한 짤막한 우스개 이야기이고 라쿠고의 서두로서 짤막하게 이야기되고 있다. 이러한 종류의 우스개 이야기는 상당히 많으므로 다음에 두서넛 예를 더 들어 보자.

「어린애가 연을 날리고 있는데 좀처럼 뜨지 않는다. 아버지가 나와서 "어디, 내가 날려 줄께."라 말하고 잠깐 달려 가니까 잘 뜬다. 아버지가 재미가 나서 당기거나 늦추거나 하느라 여념이 없다. "아버지, 나도 할께요."라고 졸라대니까 "에이, 시끄러워. 너를 데리고 오지 않았으면 좋았을걸 그랬다."」

「소심한 도둑이 문을 비틀어 열고 들어가 보니 빈 집이었다. 한숨을 쉬고 "우선 모가지 걱정은 없군."」

「주인 어른이 버드나무의 묘목을 수십 본 정원에 꺾꽂이 하고 나서 어린애들이 뽑지 못하도록 지킬 것을 애송이 하인에게 명령했다. 며칠인가 지나서 "어린애들이 뽑지는 않았는가?"라고 물었더니 "1본도 뽑지 않았습니다."라 대답했다. "그것 참 기특하군. 그러나 밤까지 어떻게 해서 지켰는가?"라 물었더니 "밤에는 지키기가 나빠 뽑아서 헛간에 보관해 두었습니다."」

「은으로 만든 멋진 곰방대를 샀다고 자랑한다. "그것 참 굉장한데. 그러나 또 바로 떨어뜨리는 것 아닌가?" "아니야, 떨어뜨릴 염려는 없다네. 담배를 피우지 않고 그대로 보관해 둘 것이니까."」

아사히 신문의 「광장」란에서 이 종류의 우스개 이야기를 몇 가지 들어 보자.

「동료 중에 자동차광이 있습니다. 최근 새 차를 구입했다고 들었는데 아직 타고 오지 않습니다. "최근 줄곧 비가 와서 오토바이를 몰고 있다."라는 것입니다.」

「밖으로 놀러 나가는 아들에게 "지애(생후 10개월)가 자고 있으니까 현관문을 살짝 닫아라."라고 일렀더니 조용히 닫고 나갔습니다. 바로 문이 열리고 "엄마, 시끄럽지 않았지요?"라고 아들은 말하고 만족스러운 표정으로 이번에는 힘껏 문을 닫고 놀러 나갔습니다.」

「친구가 어린애에게 집의 열쇠를 맡기고 외출했다가 돌아와 보니 현관문에 "어머니, 열쇠는 쓰레기통에 넣어 두었습니다."라는 쪽지를 붙여 놓았다고 합니다.」

「각로(脚爐)에 발을 넣고 꾸벅꾸벅 졸고 있던 하오, 밖에서 놀고 있던 네 살 난 딸이 오빠가 돌아온 것을 보자 "엄마가 낮잠

자고 있으니까 뒷마당에서 조용히 들어가요."라 하며 가까운 이웃까지 들리는 큰소리로 외쳤습니다. 엄마가 당황해서 벌떡 일어난 것은 말할 것도 없습니다.」

 이러한 본말전도의 우스개 이야기 중에 목숨까지 건 구두쇠의 이야기가 있다.

「구두쇠 부자(父子)가 볼 일이 있어 시골에 나들이를 갔는데 실수하여 아버지가 강물에 빠졌다. 아들이 허둥대며 끌어 올리려고 했지만 좀처럼 올라오지 않는다. 우물쭈물하고 있는데 사람이 와서 "아드님, 100냥 주세요. 건져 드릴께요."라 한다. 아들은 "100냥은 비싸. 70냥으로 깎아 주시요."라 말한다. "아니요, 100냥이 아니면 건져 주지 못해요." 등등 서로 말을 주고받고 있었더니 강물 속에 있는 아버지가 허위적허위적 하면서 "그래, 100냥은 주지마."」

「사냥꾼이 아들을 데리고 산에 갔다. 큰 호랑이가 나타나서 아버지를 물고 도망치므로 아들은 활에 화살을 메기고 쏘려 하였다. 아버지는 호랑이 입에 물려 있으면서 "발을 쏘아라, 발을. 가죽에 상처가 나면 값이 떨어진다."」

「인색한 아버지가 임종의 유언으로 "장례식에 돈을 낭비해서 사용해서는 안돼."라 말했다. 모인 친척들이 "그렇게는 할 수가 없지." 등이라고 서로 이야기를 나누고 있었더니 아버지가 일어나서 "그러면 죽는 것은 그만 두겠다."」

궤변과 역설

 패러독스란 일반적으로 옳다고 생각되고 있는 통설에 반하는 견해를 말하는 것이었다. 여전히 이 통설 쪽이 옳은 경우에는 그

것에 반하는 견해 쪽이 잘못되어 있는 것이 된다. 이 경우가 '정말과 같은 거짓말'로서 분류한 패러독스이다. 다음으로 상식에 반한다고 생각된 견해 쪽이 역으로 옳았던 경우에는 이제까지의 상식이 잘못되어 있었던 것으로 될 것이다. 이러한 때가 '거짓말과 같은 정말'로서의 패러독스이다. 마지막으로 통설도 통설에 반하는 견해도 모두 옳은 것처럼 생각되고 또 어느쪽도 잘못되어 있다는 근거를 지적할 수 없을 때가 이율배반이라 일컬어지는 경우이다. 이것을 '정말이라고도 거짓말이라고도 말할 수 없는' 패러독스로서 분류해 두었다. 이하, 이들 세 가지 사례에 대해서 웃음이나 문학 등과 관련시켜 채택하여 보자.

(1) 정말과 같은 거짓말인 것

이제까지 거짓말 특히 자기모순을 중심으로 하여 역설적인 우스개 이야기를 보아 왔으므로 이 부분의 패러독스는 상당히 채택되어 있다고 할 수 있을 것이다. 그러나 '정말같은 거짓말'은 별로 채택되지 않았다. 미다 씨의 수기에 나오는 '가짜 증명' 등은 바로 이러한 거짓말이다. 또한 궤변은 거짓말을 정말처럼 그럴듯하게 속이는 부분에서 생기는 것이므로 이 분류에 포함되는 것일 것이다. 궤변과 닮은 것 같으나 사실은 그렇지 않은 것에 강변(强辯)이 있다. 궤변은 흑을 백이라 주장하는 경우 가지각색의 말을 가지고 놀아 상대방을 자기의 생각에 동조시키려고 하는 논리가 안에 포함되어 있지만 강변은 상대방이 어떻게 생각할 것인가에 대한 것은 전혀 고려하지 않고 자기만의 생각을 억지로 관철하려는 부분이 있다.

페에스케

소노야마 슌지

소노야마 슌지 「페에스케」

(a) 강변에 대하여

'우는 아이와 지두[地頭, 역주: 일본 가마쿠라 막부 때 전국의 장원 (莊園)에 두었던 벼슬로서 장원을 관리하고 조세의 징수, 치안 유지 등을 담당함]에게는 당할 수 없다'라는 속담도 있는 것처럼 강변에는 약한 자에 의한 '울며 애원하여 승낙을 얻는 것'과 권력자에 의한 '억지로 자기 생각대로 밀고 나가는 것'의 두 가지 타입이 있다. 양자 모두 상대방이 말하는 말에는 일체 귀를 기울이지 않고 자기가 말하고 싶은 것만을 주장하는 부분에 이 강변의 특징이 있다.

달래건 어르건 사줄 때까지는 완강하게 가게 앞을 떠나지 않고 울부짖는 아이, 남자의 변명에는 일체 귀를 기울이지 않고 하염없이 울며 남자의 무정함을 타박하는 여자, 이러한 '눈물에 의한 강변'이 아니고 '성적 매력에 의한 강변'의 예도 있다.

「고대 그리스의 고급 창부 중에 프류네라는 여자가 있었다. 어느때

신을 모독하였다는 것으로 재판을 받게 되었다. 남자 친구인 웅변가 휴페리데스가 열심히 그녀를 변호하였지만 배심원의 심증은 시원스럽게 납득되지 않았다. 생각다 못한 프류네는 "그러면 여러분, 잠깐 보십시오. 이 내가 그러한 죄 많은 여자로 보입니까?"라 하고 뭇사람이 둘러 서서 보는 가운데 옷을 벗고 알몸이 되었다. 그러자 재판관들은 "아, 이러한 아름다운 여자에게 죄가 있을 리 없다."라고 말하며 프류네에게 무죄 선고를 하였다.」

 권력이나 폭력에 의해 '억지로 자기 생각대로 밀고 나가는 것'의 실예에는 극히 많다. 폭군 네로나 '짐은 국가이니라'의 루이 14세를 예로 들 것까지도 없을 것이다. 또 2·26사건에서의 '문답할 필요가 없음'이나 록히드 재판에서의 '모른다, 없다, 기억에 없다' 등은 억지로 자기 생각대로 밀어 붙이기의 강변이다. 예로서 라쿠고인 '장기를 두는 주군(主君)'을 채택하여 두자.

 「다이묘[大名, 역주 : 일본의 옛날의 영주]라는 것은 세상 물정에 어두우시기 때문에 상당히 무리한 것을 말씀하십니다. 그것을 분부 지당하여 조금도 무리라고 할 수 없는 것이 군신(君臣)의 예의입니다. 주군 나으리와 장기를 두었더니 주군이 형세가 불리해지면 "아, 이봐 이봐, 그 졸을 잡아서는 안돼."라고 말씀하십니다. "네?" "그 졸을 잡아서는 안된다고 하는 거다." "예, 방금 나으리께서는 이것을 두셨습니다. 그러므로 소생이 이것을 잡습니다. 번갈아……." "번갈아 두는 것쯤은 알고 있으나…… 그 졸을 뺏겨서는 이쪽이 불리해지는 거야." "불리하다고 말씀하셔도 황공하오나 소생이……." "그쪽 차례임에는 틀림없으나 이쪽이 불리하니 잡아서는 안된다고 말하는 것을 모르는가? 주인이 불리한 것을 돌보지 않고 이 졸을 잡아도 괜찮다고 생각하는가?

주인의 말을 거역할 셈인가?" "말씀을 거역한다고 말씀하시면 매우 황송하므로 말씀하시는 졸을 잡는 것은 잠시 단념하옵고 …… 그 밖에는 방법이 없습니다. 부득이 끝쪽의 졸을 앞으로 보내도록 하겠습니다. 아무쪼록 이것으로 용서해 주십시오." "그렇고 그런가. 그렇다면 이쪽에서 이 졸을 잡으면 매우 유리하다." "하하하, 지당하십니다."」

또 하나, '본인이 말하는 것이니까 틀림이 없다'식의 '우스개 이야기적인 강변'도 있다.

「"이봐 이봐, 죠키치(長吉). 아직도 해가 막 저물었을 뿐인데 각등(角燈)을 보니 앉아서 졸고 있잖아. 게다가 코 고는 소리가 왜 이리 큰가. 이봐, 죠키치." "오요시. 무슨 용무야?" "무슨 용무는커녕 말이지. 초저녁부터 졸고 있고 게다가 코까지 요란하게 골고 말이야. 조금 조심해요." "어디 내가 코를 골았어. 무책임한 거짓말만 하고 있어." "어째서 내가 거짓말을 하나?" "아니야, 거짓말이야." "거짓말이라는 증거는?" "실제로 자기가 코를 고는 것을 자기는 모르는 걸."」

「어떤 사람이 빚을 회수하려고 사람을 보냈지만 좀처럼 결말이 나지 않으므로 마침내 본인이 그곳으로 가서 "집주인인 도젠(道善) 씨를 만나고 싶다."라고 말했다. 집주인이 나와서 "도젠은 부재중입니다."라 말한다. "당신은 도젠이 아닙니까?" "그런데 묘한 것을 말씀하시네요. 집주인인 도젠이 직접 나와서 부재중이라고 말씀드리고 있는데 그것을 의심하시는 겁니까?"」

중국에도 다음과 같은 우스개 이야기가 있다.

「약간 돈을 빌리고 있는 사나이가 빚쟁이가 올 때마다 집에 있으면서 없다고 따돌린다. 언젠가도 예에 따라서 부재중이라고 말했으나 안에서 들리는 목소리는 확실히 본인임에 틀림없으므로 "실제로 있으면서 왜 없다고 따돌리는가?"라고 힐책하였더니 "저는 본인이 아닙니다. 친척입니다."라 대답한다. 그래서 빚쟁이가 창호지에 구멍을 뚫고 안을 들여다보았더니 확실히 본인이다. 그 사나이 크게 화를 내면서 "고작 그 정도의 빚을 졌다고 해서 창호지에 구멍을 뚫다니 무슨 짓이요. 제대로 수리하지 않는 한 갚지 않겠소."라 한다. 빚쟁이는 "좋습니다."라 말하고 곧 수리를 끝내고 또 독촉했더니 "역시 또 부재중이요."」

(b) 궤변에 대해서

듣는 귀도 갖지 않고 억지로 자기 생각대로 밀어 부치는 강변에 반해서 궤변은 어떻게든 이치로 자기의 주장을 관철하려는 의도가 포함되어 있다. 이러한 궤변에도 강변적인 억지로 자기 생각대로 밀어 부치기의 성격이 강한 것으로부터 이치에 맞지 않는 이론 비슷한 것까지 각양각색의 단계가 있다. 여기서는 '태도의 돌변', '바꿔치기', '역수(逆手, 역이용)', '이치에 닿지 않는 이론'의 네 가지를 채택하여 보자.

㈎ 태도의 돌변

먼저 '태도의 돌변'은 자기가 하고 있는 일이 비난을 받거나 공격을 받았을 때 '어디가 나쁜가'라고 태도를 바꿔 정색을 하는 경우다. 아사히 신문의 '천성인어(天聲人語)'에 '정치꾼으로서 태도를 바꾸는 방법'이라는 팜플렛의 내용 소개가 나와 있었다.

「영국에서는 의회에서 거짓말을 하면 그것만으로 대신(장관)의 목이 날라간다느니 하는 것은 수치의 문화가 무엇인지를 모르는 무책임한 서양물이 든 넋두리다. 진실을 계속 이야기하고 있었다면 지금쯤은 가쿠에이호[角榮號, 역주 : 전 일본수상 다나카 가쿠에이의 내각팀]는 침몰하였다. 진실을 인정하면 수치가 된다. 거짓말을 인정해도 수치가 된다. 그래서 거짓말을 진실이라고 억지로 계속 말한다. 이것은 록히드 사건 이래의 유행이다. 다나카 복권의 흐름과 함께 중앙과 지방에서 서로 호응하여 일어나고 있는 태도의 돌변 현상이다.」

이러한 태도의 돌변은 정치가만의 특기는 아니다. 의학부 교수들의 리베이트(rebate) 등에 의한 소득 은폐가 화제로 되었을 때 어떤 교수는 "확실히 각 방면에서 기부금은 받고 있다. 이것을 리베이트라고 말한다면 달리 방법이 없다. 그러나 조직 유지를 위해서는 부득이한 것이다."라고 태도를 바꿔 정색을 하고 있다.

⑷ 바꿔치기

상대방의 공격을 딴 문제로 바꿔치기해서 공격의 화살을 돌리는 경우다. 여기서는 외무성 기밀 누설 사건만을 채택하여 두자. 이 사건의 논점은 '보도의 자유'의 해석과 도난당한 자료가 '기밀'에 상당하는 것이었는가라는 두 가지 점이었을 것이다. 그런데 'N기자는 H사무관과 정을 통해서 정보를 훔친 것 같다. 괘씸한 놈이다'가 됐다. 사건과 전혀 관계가 없다라고는 말할 수 없지만 당면한 논점에 대해서는 그다지 중요하지는 않은 면이 채택되었다.

'N기자는 첫째 얼굴이 뻔뻔스러워요. 게다가 이름도 다이기치(太吉)라니 뻔뻔스러운 놈이다'라고 기염을 토하는 형편이다. 이것은 훌륭한 '논점의 바꿔치기'이다.

㈐ 역수

상대방의 논법을 역이용하여 역습하는 경우이다. 그 상대방의 입장에서 보면 스스로 무덤을 판 것이 된다. 먼저 중국의 우스개 이야기 중에서 예를 들어 보자.

「가상(家相)을 맹신하고 있는 사나이가 있었다. 어느날 집의 흙담이 무너져 그 밑에 깔려 버렸다. "살려줘!"라고 외쳤더니 아내가 나와서 "잠시만 그대로 참고 계세요. 오늘 흙을 옮겨도 되는지 어떤지 가상을 보는 사람에게 가서 물어보고 올 테니까요."」

「어느 귀인(貴人)이 절에 갔더니 스님들은 모두 일어나서 그를 맞이하였으나 그 속에 앉은 채로 있는 한 사람의 스님이 있었다. "그대는 어째서 일어나지 않는가?"라고 귀인이 말했더니 그 스님은 "서는 것은 서지 않는 것이고 서지 않는 것은 서는 것입니다."라 말했다. "과연, 그런가."라고 귀인은 말하자마자 갑자기 선장(禪杖)으로 그 스님의 머리를 때렸다. "유독 때리지 않아도……."라고 스님이 말하니 귀인은 "때리지 않는 것은 때리는 것이고 때리는 것은 때리지 않는 것이다."」

「송나라의 강왕(康王)이 재상(宰相)인 당앙(唐鞅)에게 말했다. "나는 많은 사람을 죽였는데 신하들은 전혀 나를 무서워하지 않는다. 도대체 어찌된 일이요?" "왕이 죽이신 자는 모두 나쁜 자뿐입니다. 나쁜 자를 아무리 죽여도 착한 자가 무서워 할 리는 없습니다. 신하들을 두려워하게 하려면 선악의 구별없이 닥치는 대로 벌을 주시는 것이 최고입니다. 그렇게 하시면 모두 왕을 무서워하게 되겠지요." 그로부터 멀지않아 강왕은 당앙을 죽였다.」

중국뿐 아니고 이러한 우스개 이야기는 일본에도 많이 전해지고 있다. 예컨대 일휴(一休)의 재치담으로서 다음과 같은 이야기가 있다.

「어느날 일휴가 화상(和尙, 스님)이 비장하고 있는 벌꿀을 달라고 졸랐더니 화상은 "이 단지 속의 내용물은 어린애가 먹으면 순식간에 죽는 무서운 독약이니까 결코 손을 대서는 안된다."라고 엄히 타일렀다. 화상의 거짓말을 알고 있는 일휴는 화상이 외출하는 적당한 기회를 보아 단지 속의 벌꿀을 실컷 먹은 다음 일부러 화상이 애용하는 찻종을 산산조각으로 때려 부수고 거듭 남은 벌꿀을 머리부터 뒤집어 쓰고 화상이 돌아오기를 기다렸다. "이것은 또 어찌된 일인고?"라고 놀라는 화상을 향해서 일휴는 "그만 애용하고 계시는 찻종을 두들겨 깨뜨려 참으로 죄송해서 이 단지의 독약을 먹고 죽으려고 하였습니다마는 전혀 효험이 없습니다. 그래서 단숨에 맹독을 머리부터 뒤집어써서 죽을 각오입니다마는 그래도 아직 죽지 못하고 있습니다."라며 눈물을 흘리면서 대답하였다 한다.」

에도 시대의 짤막한 우스개 이야기 중에도 이처럼 상대방이 말하는 것을 역이용하는 우스개 이야기가 있다.

「스님이 사냥꾼과 우연히 마주쳐 "그대는 남의 목숨을 빼앗으며 이 세상을 살아가고 있는데 아무래도 그다지 좋은 생각은 아니요. 이 세상에서 그렇게 짐승을 죽이면 내세에서는 죽인 짐승이 돼서 자기를 괴롭히게 되요. 나쁜 일은 말하지 않을 테니 살생을 그만 두는 것이 좋아요."라며 설득했다. 사냥꾼이 "이 세상에서 여우를 죽이면 저승에서 여우가 됩니까?"라 묻는다. 스님 "정말 여우로 태어납니다."라 대답했다. 사냥꾼은 눈물을 흘리고 두려워하면서 총에 화약을 채우고 그 스님을 향해서 다가가므로 스님이 안색이 바뀌며 "이것은 실례요, 무엇을 하시는 거요?"라 말한다. 사냥꾼 "말씀하신 의견대로 내세를 위해서 당신을 죽여서 스님으로 다시 태어나서 해를 입지 않겠습니다."」

　나에게도 학창 시절에 다음과 같은 추억이 있다. 친구인 A군은 이기주의를 표방하고 있어서, 남을 위해서 살아야 한다는 이타(利他)주의자인 B군과 흔히 논쟁을 하고 있었다. 언젠가 A군은 B군의 도시락을 전부 먹어 버렸다. B군이 그것을 따지니까 A군은 태연하게 말했다. "어제부터 아무것도 먹지 않아 정말 죽을 것 같았었네. 그래서 자네의 도시락을 실례하였는데 그저 한 사람의 사나이를 구해 주었다고 생각하게."

　㈑ 이치에 닿지 않는 이론

　궤변을 논하여 상대방을 꼼짝 못하게 만드는 것은 그리스 시대의 소피스트들의 상투 수단이기도 하였다. 먼저 처음으로 어느 소피스트가 소년을 상대로 '사물을 배우는 자는 현명한 사람인가 어떤가'에 대해서 주고 받은 기묘한 문답을 채택하여 보자.

　"사물을 배우는 것은 현명한 사람인가 어리석은 자인가?" "현명한 사람입니다." "그러나 배울 때는 자네는 배우는 사항을 알고 배우는 것인가?" "모르고 배우는 것입니다." "그러면 모르는 사람이 현명한 사람일까?" "현명한 사람은 아닙니다." "현명하지 않으면 어리석은 자가 아닌가?" "그렇습니다." "그래서 사물을 배우는 것은 현명한 사람이 아니고 어리석은 자이지 않으면 안된다. 자네의 처음의 대답은 잘못되어 있었던 것이다." 문답은 이것으로 한 승부가 난 것으로 된다. 그 뒤 다음과 같은 문답이 계속된다. "그러나 선생님이 말씀하시는 것을 배우는 것은 어느 쪽일까, 어리석은 아이일까?" "현명한 아이입니다." "그렇다면 사물을 배우는 것은 현명한 사람이어서 어리석은 자는 아닌 것이 되므로 자네의 지금의 대답도 잘못된 것으로 된다."

소크라테스는 이러한 덫을 놓는 질문을 명제의 놀이라 하여 멀리하고 있다. 그는 "이러한 것으로는 사물 그 자체의 핵심에 대해서는 아무것도 배우는 것이 없는 것이다. 단지 어떻게 해서 남을 교활하게 속여서 우롱하는가라는 것을 배우는 것에 불과하다. 이러한 것은 남의 말꼬투리를 잡고 늘어지거나 남이 앉으려고 한 의자를 갑자기 당겨 들이거나 하는 것과 조금도 차이가 없다."라 비판하고 있다. 그러나 소크라테스 자신의 대화를 보면 이 소피스트들과 형식면에서 차이를 발견하기 어렵다[3]. 예로서 소크라테스와 에우투데모스와의 대화를 인용해 보자[4].

"그러면"하고 소크라테스는 말했다. "우리는 이쪽에 '정(正)'이라 적고 이쪽에 '부(不)'라 적어 볼까. 그렇게 해놓고 우리에게 정의의 일이라고 생각되는 것은 '정'의 란(欄)에 쓰고 부정의 일이라고 생각되는 것은 '부'의 란에 쓰도록 할까?" "그러한 것이 무언가 도움이 되는 것이라면 그렇게 하십시요." 그래서 소크라테스는 그가 말한 것처럼 적어 두고 말했다.

"인간은 거짓말을 하는 일이 있는가, 어떨까?" "그거야 있습니다." "이것은 어느쪽에 써넣을까?" "그거야 부정으로 정해져 있습니다." "그리고 또 속이는 일은 없는가?" "있습니다." "이것은 어느쪽에 써넣을까?" "이것도 부정으로 정해져 있습니다." "나쁜 일을 행하는 것은?" "이것도" "인신매매는?" "그것도입니다." "정의 쪽에 써넣을 것은 이 중에서 하나도 없는 것이네. 에우투데모스." "있다면 큰일이겠지요." "그러면 어떤가. 누군가가 장군으로 뽑혀서, 우리에게 부정 행위를 하는 적의 마을을 노예로 팔았다고 하면 우리들은 이것을 부정이라고 부를 것인가?"

"그야 부르지 않습니다." "옳은 행위라고 말하지는 않는가?" "말합니다." "그러면 전쟁에서 적을 속이면?" "이것도 옳은 일입니다." "적의 물건을 훔치거나 빼앗거나 하는 것은 옳은 행위가 아닌가?" "그렇습니다. 그러나 저는 최초에 당신이 친구의 일에 대해서만 묻고 계시는 것으로 생각했습니다." "그러면 우리가 부정의 란에 써넣은 것은 모두 또 정의의 란에도 써넣지 않으면 안되는 것으로 되네." "그렇습니다." "그러면 다시 이렇게 분류를 할까. 적을 향해서 이같은 일을 하는 것은 옳은 행위이지만 친구에 대해서는 옳지 않다. 친구에 대해서는 철두철미 정직하지 않으면 안되는 것이다라고." "정말 그렇게 하는 것이 좋을 것 같습니다."라고 에우투데모스는 말했다.

"그러면 어때,"라고 소크라테스는 말했다. "장군의 군대의 사기가 저하되어 있는 것을 보고 장군이 오고 있다라고 거짓말을 하여 이 거짓말에 따라서 전군의 사기의 저하를 막았다고 하면 이 기만은 어느쪽에 써넣을까?" "정의 쪽이라고 생각합니다." "또한 누군가가 아들이 약을 먹을 필요가 있는 데도 싫어하며 먹지 않을 때 음식물이라고 말하여 먹게 하고 이 거짓말을 이용해서 건강을 회복시켰다고 하면 이 기만은 또 어느쪽에 써넣어야 할 것인가?" "이것도 마찬가지라고 생각합니다." "그러면 친구가 우울증에 빠져 있으므로 자살을 염려하여 칼이라든가 무언가 하는 것을 훔치거나 빼앗거나 해버린다라고 하면 이것은 또 어느 쪽에 써넣어야 할까?" "그것은 원래부터 정의입니다." "그렇다면 친구에 대해서도 하나부터 열까지 정직하게 해야만 한다고 자네는 말하는 것인가?" "정말이에요, 그렇게 해서는 안됩니다. 내가 아까 말한 것을 취소합니다. 취소해도 괜찮은 것이라면." "물

론 취소해도 좋지."라고 소크라테스는 말했다. "잘못된 표를 만드는 것보다는 그쪽이 훨씬 좋다. 그런데 친구를 속여서 이것이 해가 되는 경우도 생각해 보는 것을 잊어서는 아니되므로 고의로 속이는 것과 의사없이 속이는 것과는 어느쪽이 더 많이 부정일까?" "그러나 소크라테스, 나는 이제 대답에 자신이 없어졌습니다. 왜냐하면 앞에서 언급한 것이 하나하나 이번에는 그때 생각한 것과는 틀린 형태로 보이는 것입니다. 그래도 굳이 말해 본다면 고의로 거짓말을 하는 자 쪽이 고의가 아닌 자보다 부정입니다."

이와 같이 소크라테스와의 대화는 계속되고 차츰 에우트데모스는 자신을 잃어 간다. "솔직히 말해서 소크라테스, 나는 대단히 애지학(愛智學)에 힘쓰고 있었습니다. 그리고 이 학문이야말로 고아유덕(高雅有德)에 도달할 것을 희망하는 인간에게 필수적인 사물을 가장 잘 가르쳐 주는 것이라고 생각하고 있었던 것입니다. 그런데 이렇게 무엇이든 모르겠고 애써 공부했는데도 무엇보다도 알고 있어야 할 것을 질문받고 조금도 대답을 할 수 없어 나 자신이 한심해져 있는 것을 당신은 어떻게 생각하십니까? 더구나 이 길 이외에 자기를 개량하는 길이 없습니다." 그러자 소크라테스는 말했다. "알려다오, 에우투데모스, 자네는 이제까지 델포이에 간 일이 있는가?" "네, 이미 두 번 갔습니다." "그러면 자네는 신전(神殿)의 어딘가에 조각되어 있는 '너 자신을 알라'라는 말을 보았는가?" "보았습니다." "그렇다면 자네는 이 문구에 아무런 주의를 기울이지 않았는가, 그렇지 않으면 이것에 유의해서 자기자신이 어떤 사람인가를 생각해 보려고 하였는가?" "아니요, 전혀 생각하지 않았습니다. 그것은 충분히 알고 있다고 생각하였습니다. 자기자신조차 모르고 있다 하면 그 밖의 일은 알 턱이 없는 것이기 때문에 말이죠."

여기서 에우투데모스는 나를 아는 것에 대한 중요성을 가르침 받고 또 자기의 무지를 혐오할 정도로 깊이 깨닫게 된다. "나는 침묵을 지키고 있는 것이 가장 좋은 것처럼 생각됩니다. 왜냐하면 이것으로는 아직도 아무것도 모르는 것이 되어 버릴 것이기 때문에요." 그리고 에우투데모스는 매우 의기소침하여, 자신의 하찮음을 절실히 맛보며 정말로 일개 노예임을 느끼면서 돌아간 것이다.

그런데 소크라테스에 의해서 이러한 꼴을 당한 사람들은 대개는 두번 다시 그에게 접근하지 않은 것이어서 이러한 일당을 어리석은 자로 간주하고 있었다. 그런데 에우투데모스는 만일 자기가 소크라테스의 곁에서 될 수 있는 대로 많은 시간을 보내지 않는 한 도저히 건실한 인간이 될 수 없다는 것에 생각이 미친 것이다. 그리고 그 이래 무언가 부득이한 용무가 있을 때 이외에는 결코 그의 곁을 떠나지 않고 게다가 그의 일상적인 생활 방법도 얼마간 모방하였다.

소크라테스의 대화를 소피스트의 궤변과 같은 부분에 분류해둔 것은 적절하지 않았을런지도 모른다. 그러나 형식적으로는 마찬가지이고 다만 소크라테스의 경우 '자기의 무지를 알게 한다'라는 커다란 목표를 갖고 있는 부분이 소피스트와의 근본적인 차이이다.

(2) 거짓말과 같은 정말인 것

얼핏 보기에 잘못되어 있는 것처럼 생각되는데 잘 생각해 보면 거기에 진리가 발견되는 것 같은 경우, 즉 '역설적 진리'라 일컬어지는 경우가 이 안에 포함된다. 또 하나 그때까지의 통설과는 다른 '새로운 학설'도 이 분류에 들어갈 것이다. 통설을 숙지하고 있는 사람은 그 새로운 설을 잘못된 것처럼 생각하지만 잘 검토해 보면 그 올바름이 이해되는 경우이다. 그런데 이들은 모두 우스개 이야기적 요소가 부족하므로 문학이나 철학 및 과학사 안에서 자료를 얻기로 하자.

(a) 역설적 진리

많은 사람들이 고집스럽게 품고 있는 편견을 타파하는데 가장 효과적인 방법은 역설이다. 통상의 발상을 역전시키는 부분에 역설의 재미가 포함되어 있음과 동시에 거기에는 숨겨진 진리도 포함되어 있다. 따라서 이 역설적 진리는 문학이나 철학의 주요 테마의 하나이다.

여기서 역설을 좋아하는 작가 체스터턴의 단편 『박사의 의견이 일치하면……』을 채택해 보자⁽⁵⁾. 이 이야기 안에서 체스터턴은 '두 사람의 의견이 완전히 일치하였기 때문에 그중의 한 사람이 상대방을 살해한다는 결과가 됐다'라는 역설을 제기하고 있다.

　문제의 괴사건에는 또 하나의 괴사건이 관련되어 있고 그것은 즉 스코틀랜드 글라스고 시(市)의 제임스 하기스의 기괴한 횡사(橫死)의 1건이다. 살해된 하기스는 부유한 명사이고 어느 보수파보다도 완고하고 구폐적(舊弊的)인 반동과격파였다. 긴축 재정의 이론을 신봉하고 거의 어떠한 사회복지비도 긴축 재정의 요구 앞에는 지나치게 비싸게 치인다고 암시하는 형편이었다. 이에 대립한 것이 캠벨 박사이고 여론은 불황 시대의 빈민굴의 악역(惡疫)을 일소하는 작업에 몰두하고 있는 박사를 모두 지지하고 있었다.

　이 하기스 살인 사건의 범인이 누구일까라는 것이 화제가 된 자리에서 캠벨 박사는 다음과 같이 언급했다.

　"하기스를 타도하는 쾌거에 나온 인물의 활동은 단순히 당사자 개인의 체면을 살린 것뿐 아니고 공공을 위해서도 힘쓴 것이 된다. 이러한 인물이야말로 내가 찾고 있던 인물이다."

　이것을 듣고 있던 박사의 문하생인 앵거스는 다음과 같이 물었다.

　"그러나 캠벨 선생. 어떤 인물의 사상과 행동에 가령 부당한 점이 있었다 하더라도 그 인물을 살해하는 것은 사악(邪惡)이고 정의에 위배되는 행위가 아닙니까?"

　박사는 대답했다. "사악은 아니다. 그 인물의 언동이 충분히 부당한 경우에는 말이지. 결국 우리가 하나의 행위의 정사(正邪)를 판정하는 기준은 '국민의 복지야말로 최고의 법'이라는 것뿐이다."

"십계(十誡)는 기준(테스트)이 안되는 것입니까?"

"확실히 십계는 기준이다. 우리들 학자 사이에서는 근래 이것을 멘탈 테스트라 부르기로 되어 있지만."

그 뒤 며칠간에 걸쳐서 무신론자인 캠벨 박사와 비타협적 청교도인 의대생 앵거스와의 사이에 논쟁이 계속된다. 그러나 결국 '십계는 신이 정한 법률일 수는 없다'라는 캠벨 박사의 의견에 앵거스도 동의하게 된다. 항복한 기사가 검을 내던지는 것 같은 시늉으로 손에 들고 있던 메스를 곁에 있는 수술대에 내던지고 앵거스는 말했다.

"선생님의 힘에는, 아니, 진리의 힘에는 나도 항복하지 않을 수 없습니다."

여기에 이르러 박사는 조용히 입을 열었다.

"의견이 일치한 이상 우리들의 마음은 하나다. 저 사회적 수술의 1건에 관한 진상의 일체를 지금은 자네도 알아 두는 것이 좋을 것이다. 확실히 그 일은 내가 했다. 거기에 있는 메스와 같은 것을 사용해서 말이지."

앵거스는 가만히 메스를 주시하고 있다가 느닷없이 질문했다. "왜 살해한 것입니까?" "우리들이 도덕철학을 둘러싸고 의견의 일치를 본 이상은 그것은 이미 질문할 가치가 없는 일이다."라고 늙은 박사는 담담하게 대답했다. "보통의 외과 수술과 다를 바가 없다. 개체를 구하기 위해 손가락 1개를 희생시키는 것처럼 정체(政體)를 구하기 위해서는 한 개인을 희생시키지 않으면 안된다. 하기스는 옳지 않은 일을 저지른 것이다. 빈민굴 구제 계획 등의 인도적으로 착한 사항을 비인도적으로 저지하려고 한 것이다. 그래서 내가 몸소 하지 않을 수 없었다. 한번 생각해 보면 자네도 필시 찬성할 것으로 생각하지만."

"저도 찬성입니다."라고 앵거스는 말했다. "저에게도 비슷한 기억이 있습니다. 옳지 않은 일을 저지르고 있다고밖에 생각되지 않는 것 같은 인물과 매일 얼굴을 맞댄 기억이 있습니다. 진리를 위해서 한 일인지도 모르지만 당신이 한 일은 옳지 않은 일을 저지른 것이라고 지금도 생각합니다. 당신에게 설득되어서 나는 나의 신앙이 꿈에 지나지 않았다고 생각하게 되었습니다. 그러나 그 꿈이 자각보다 나쁜 것이라고는 지금도 믿어지지 않습니다. 가난한 자의 꿈을 무자비하게 타파하고 의지할 곳 없는 자의 희망을 비웃는다— 바로 당신이 한 일이 그것입니다. 당신에게는 하기스가 잔인하고 비인간적으로 보였는지 모르지만 나에게는 당신이 잔인한 비인간으로 보입니다. 당신은 신념을 갖고 자신이 착한 사람이라고 생각하고 계시지만 하기스에게도 그 정도의 신념은 있었겠지요. 선행을 쌓기 위해서는 십계를 어겨도 상관없다는 신념을 당신은 갖고 계시지만 하기스에게도 선행을 아무리 쌓아도 신앙이 없으면 구원은 없다라는 신념이 있었겠지요. 단지 하기스는 당신처럼 자기의 신념을 숨기지 않았을 뿐입니다. 하기스는 개인에게 따뜻하고 대중에게 가혹하였으나 당신은 대중에게는 동정을 베풀고 일개인을 비참하게 살해해 버렸습니다. 그러나 당신도 결국은 일개인인 것입니다."

이 최후의 말은 낮은 목소리로 조용히 이야기 되었고 이것을 들은 늙은 박사는 갑자기 어색하게 뒤쪽의 계단으로 움직이려고 하였다. 앵거스는 들고양이처럼 뛰어내려 노인을 덮치고 숨통을 끊는 것 같은 힘으로 박사를 단단히 눌러서 꼼짝 못하게 하였다.

그 동안에도 앵거스는 계속 이야기를 하며 힘껏 소리를 지르고 있었다.

"매일 매일 끊임없이 나는 당신을 살해하려고 생각하고 있었습니다. 종교라는 미신의 포로가 되어 있는 동안은 그것을 할 수 없었습니다. 당신의 덕분으로 오늘밤 그 미신이 깨진 것입니다. 날마다 당신은 나의 미련을 단절하려고 하셨습니다마는 그것만이 당신의 목숨을 이어갈 수단이었던 것입니다. 이 대갈장군에다가 입에 발린 말만 하는 무능한 사람! 오늘밤 내가 아직 신을 믿고 십계를 믿고 있었던 편이 당신의 신상을 위한 것이었는데."

노인은 소리도 못지르고 목을 조르는 악력(握力)에 반항하면서 바둥거리고 있었으나 이미 몸을 흔들어 풀 힘은 없었다.

"이제까지 당신이 살아 남고 두 사람의 사이가 무사하였던 것은 단지 우리 두 사람의 의견이 맞지 않았기 때문입니다. 지금은 의견이 완전히 일치하였습니다. 생각은 하나— 행동도 하나입니다. 당신이 할 수 있는 것이라면 나도 할 수 있습니다. 당신이 한 대로 해보여드리지요. 어떻습니까. 만족스러우시겠지요."

이 이야기를 읽고 아쿠다가와 류노스케(芥川龍之介)의 초기의 소설 『라쇼몽(羅生門)』이 생각나는 독자도 많을 것이다. 이것들은 매우 동일한 모티프(motif)이다.

아쿠다가와의 『라쇼몽』과 체스터턴의 소설은 모두 앞에서 언급한 '역이용하는' 우스개 이야기와 공통된 것을 가지고 있다. 여기서는 이야기의 대강의 줄거리밖에 소개할 수 없었지만 문학가가 글로 쓰면 단순한 우스개 이야기 이상으로 사람들의 마음 속에 호소하는 이야기로 되어 있기 때문에 불가사의하다. 그러한 의미에서 이들 이야기는 모두 '역설적 진리'로 되어 있다고 할 수

있을 것이다.
 아쿠다가와 류노스케라 하면 『주유(侏儒)의 말』속에서 많은 역설적 명언을 토로하고 있으므로 그중의 몇 가지를 채택하여 두자.
 "완전히 자기를 고백하는 것은 누구라도 할 수 있는 것이 아니다. 동시에 또한 자기를 고백하지 않고는 어떠한 표현도 할 수 있는 것이 아니다."
 "인생은 한 상자의 성냥갑과 닮고 있다. 중대하게 다루는 것은 어리석다. 중대하게 다루지 않으면 위험하다."
 "우리들의 사회에 합리적 외관을 부여하는 것은 실은 그 불합리— 그 너무나도 매우 심한 불합리 때문은 아닐까?"
 "회의주의도 하나의 신념 위에—의심하는 것은 의심하지 않는다는 신념 위에 서는 것이다. 과연 그것은 모순일지도 모른다. 그러나 회의주의는 동시에 또한 조금도 신념 위에 서지 않는 철학의 어떤 것도 의심하는 것이다."

"만일 정직하게 된다고 하면 우리들은 즉각 누구라도 정직하게 될 수 없음을 발견할 것이다. 그러므로 우리들은 정직하게 되는 것에 불안을 느끼지 않을 수가 없는 것이다."

"죽고 싶으면 언제라도 죽을 수 있으니 말이지. 그러면 시험적으로 해보게."

"그는 최좌익의 거듭 좌익에 위치하고 있었다. 따라서 최좌익을 경멸하고 있었다."

또 하나 '역설적 진리'를 나타내고 있는 것으로서 철학에 있어서의 변증법적 인식의 문제를 들 수 있을 것이다. 미다 씨의 수기에 나와 있는 '어른은 영원히 갓난아기를 따라잡을 수 없다'라는 패러독스는 그리스의 엘레아 학파의 철학자 제논이 '아킬레우스는 영원히 거북을 따라잡을 수 없다'라는 형태로 제기한 것이다. 제논은 이러한 패러독스를 제기함으로써 연속량이나 운동이라는 개념 속에 포함되어 있는 내적 모순의 본성을 지적하여 '만물은 많은 상태의 사이에서 생성·유전(流轉)의 운동을 한다'라는 당시의 통설을 비판하였다. 그 때문에 제논은 아리스토텔레스에 의해서 변증법의 선조라 불리고 있다.

변증법(dialectic)은 원래 1문1답으로 논의하는 문답이고 반대론자를 모순에 빠뜨리기 위한 추리였다. 제논의 패러독스도 엘레아 학파에 대립하는 사람들을 염두에 둔 토론이다. 또 앞에서도 언급한 소피스트들의 궤변술이나 소크라테스의 대화 등도 이 변증법의 일종이라 생각할 수 있다.

헤겔의 변증법이란 사유(思惟)의 자기부정적 운동을 의미한다. 즉 사유는 대상을 전체적으로 파악하려 한다. 그러나 사유가 파악하는 대상은 결코 대상 그 자체가 아니다. 이와 같이 하여 사유는 자기모순에 빠진다. 사유의 자기부정이란 다름 아닌 보다 고차의 사유 규정에의 전진 바로 그것이다. 이러한 부정적 전진을 지양(止揚)이라 부른다.

이 헤겔의 관념적 변증법에 반해서 마르크스는 변증법을 사물의 발전 법칙으로 본다. 즉 헤겔의 사유를 사물로 바꿔 놓은 것이다. 현재 변증법은 '대립물의 통일의 법칙'으로서 이해되고 있다. 여기서 서로 모순된 개념, 대립물을 통일한 총체로서 보는 관점의 하나의 예를 엥겔스의 『반 뒤링론』 속에서 들어 두자.

"인간의 사유의, 아무리 해도 절대적인 것이라 생각하지 않을 수 없는 성격과 단지 제한적으로밖에 생각하지 않는 개개인에 있어서의 그 인간의 사유의 현실상(相)과의 사이에 존재하는 모순, 단지 무한의 과정에 있어서만, 즉 인류의 연속에 있어서만 해결될 수 있는 한 개의 모순을 갖는 것이다. 이러한 의미에 있어서 인간의 사유는 비지상적(非至上的)인 것임과 동시에 지상적인 것이고 인간의 사유의 인식 능력은 제한적인 것임과 동시에 무제한인 것이다. 지상적이고 그리고 무제한인 것은 소질, 사명, 가능성, 역사적인 궁극 목적에서 보는 경우이고 비지상적이고 그리고 제한적인 것은 개개의 실행과 그때 그때의 현실상에서 보는 경우이다."

(b) 새로운 학설

이전부터의 학설과 대립하는 새로운 학설이 나온 경우 구설(舊說)이 뿌리 깊게 정착하여 있으면 있을수록 새로운 설은 받아들여지지 않고 박해를 받게 된다. 이러한 것은 과학의 역사를 펼

쳐 보면 얼마든지 그 예를 찾아볼 수 있다. 여기서는 피타고라스에 의한 '무리수의 발견', 코페르니쿠스에 의한 '지동설', 다윈에 의한 '진화론' 및 칸토어에 의한 '집합론'의 네 가지 예를 들어 간단히 설명해 둔다.

㈎ 무리수의 발견

피타고라스 학파에서는 모든 현상은 조화가 이루어진 자연수의 비에 의해서 나타내어지는 것이라고 생각되어 '만물은 수이다'라는 테제(these)에 도달하고 있었다. 이처럼 생각하게 된 근거로서 3개의 협화음정(協和音程) (8도, 5도, 4도)을 만들어 내는 현(弦)의 길이의 비가 각각 1:2, 2:3, 3:4로 시작되는 간단하고 게다가 아름다운 자연수의 비로 되어 있음을 발견한 것 등을 들 수 있다.

그런데 온갖 존재의 밑바탕에 자연수를 보고 모든 것이 이 자연수나, 그 비에 따라서 나타낼 수 있다고 생각하고 있던 피타고

라스 학파에게 매우 충격적인 사건이 일어났다. 그것은 어떠한 자연수의 비에 의해서도 나타낼 수 없는 양(무리수 $\sqrt{2}$)이 자신들의 학파의 사람에 의해서 발견된 일이었다. 이것은 자신들의 학파의 주장을 바로 정면에서 완전히 부정해 버리는 것이었다. 이리하여 이 무리수의 발견을 극비로 하여 학파 밖으로 누설하는 것을 금지한 것이다. 그런데 이 무리수를 숨겨 두지 않고 처음으로 외부에 공표한 사람은 난파를 당하여 죽었다고 전해진다.

(나) 지동설

지동설이란 보통 16세기의 천문학자 코페르니쿠스가 제창한 태양중심설을 가리킨다. 태양중심설은 코페르니쿠스가 처음으로 제창한 것은 아니고 옛 그리스 시대부터도 생각되고 있던 설이다. 그러나 중세의 교회에서는 성서에 적혀 있는 말을 근거로 하여 프톨레마이오스의 천동설을 가르치고 있었다. 당시 교회의 교의(敎義)는 절대적이어서 만일 그것을 어기면 자주 사형도 포함하는 무서운 형벌이 기다리고 있었다. 코페르니쿠스도 이것을 두려워하여 책의 출판을 여러 번 지연시켰기 때문에 그 책이 출판된 것은 그가 죽음의 자리에 있었던(1543년) 때였다.

잠시 뒤 브루노라는 이탈리아의 학자가 코페르니쿠스의 이론을 받아들여 그것을 지지하는 학문적인 책을 썼다. 그 때문에 종교 재판에 회부되고 투옥되어 1600년에는 파문됨과 동시에 이단자로서 화형(火刑)에 처해졌다고 한다.

또 1633년에 갈릴레오도 종교 재판에 회부되어 태양이 세계의 중심이고 움직이지 않는다고 주장하는 견해는 잘못이며 이단(異端)임을 인정하여 금후 그러한 의문을 갖게 되는 견해를 결코 더 이상 언급하거나 주장하거나 하지 않을 것을 선서하고 약속을 강요당한 것이다. 갈릴레오는 방면된 순간 하늘을 쳐다보고 땅을 내려다 보고 발로 밟으면서 명상적인 기분으로 "그래도 역시 그것은 움직인다."라 말했다. 그것은 지구를 말한다.

㈐ 진화론

다윈의 『종(種)의 기원』은 1859년에 세상에 나왔다. 그것은 즉각 초베스트셀러가 됐다. 폭발적으로 팔리는 상태를 보인 원인은 그것이 단순히 생물학의 연구 서적이었을 뿐만 아니고 사람들의 자연관, 인간관을 근본부터 뒤엎는 내용을 갖추고 있었기 때문이다. '종은 신이 만들어주신 것이 아니다. 자연선택의 결과로서 새로운 종이 출현하는 것이다' 지동설에 이어서 또 성서 속에 커다란 거짓말이 발견된 것이다. 그 충격은 컸다. 성서와 교회는 비판을 받고 진화론을 지지하는 학자들과 영국의 교회 사이에 격렬한 논쟁이 벌어지게 되는데 지동설의 경우와는 달라서 벌써 교회측에는 승산이 없었다.

㈑ 집합론

집합론의 창시자 칸토어가 집합론에 관한 최초의 논문을 쓴 것은 1874년이었다. 그 이래 집합론은 눈부신 진전을 계속하여 오늘날에는 수학의 온갖 분야 속에 침투하고 있다 할 수 있을 것이다. 그러나 그 경과는 결코 단조로운 것은 아니고 많은 어려움과 심한 비판에 고통을 받았다. 더욱이 이들 어려움과 비판의 어떤 것은 오늘날에도 살아 있어 현대의 집합론 위를 무겁게 덮치고 있다.

여기서는 창설 당시의 사정에 대해서만 간단히 언급해 두기로 한다. 칸토어는 집합을 다음과 같이 정의하였다. '확정적이고 충분히 구별된 우리들의 직관 또는 사유의 대상을 한 떼로서 파악한 것이 집합이고 여기서 생각되고 있는 대상이 요소이다' 이 집합의 정의가 너무나도 광범위하였기 때문에 집합의 일반적 이론이 얼마만큼의 의의를 갖는가라는 의문이 제기되었다. 이 때문에 이 논문을 발표하는 것에 관해서 크로네커와 같은 강한 반대론자도 나타나 논문의 게재는 난항을 겪었다. 특히 이 집합의 정의로부터 몇 개가의 패러독스, 예컨대 제3부 속에 언급하는 러셀의 패러독스나 칸토어의 패러독스 등이 발견되어 집합론의 앞길에는 더 많은 어려움이 있을 것이라고 생각되었다. 한편으로는 데데킨트처럼 잘 이해하여 주는 사람도 있었기 때문에 칸토어도 크게 마음의 위안을 받은 것 같다. 그러나 이러한 강한 비판의 중압 탓인지 만년의 칸토어는 정신이상을 일으켜 쓸쓸하게 정신병원에서 세상을 떠났다.

수학계의 대가의 비판에 응답하여 언급한 칸토어의 말 '수학의 본질은 그 자유성에 있다'는 갈릴레오의 '그래도 지구는 움직인다'라는 혼잣말 이상으로 무게가 있는 것일 것이다.

(3) 정말이라고도 거짓말이라고도 할 수 없는 것

미다 씨의 수기 속에 나오는 '지금 내가 말하고 있는 것은 거짓말입니다'라는 문장은 정말이라고 하면 거짓말이 되고 거짓말이라 하면 정말이 되어 버리기 때문에 진위 어느 것도 결정할 수 없는 이율배반이다. 이 거짓말쟁이의 패러독스는 크레타인 에피메니데스가 '크레타인은 거짓말쟁이다'라 말했다라고 성서에 적혀 있는 것이 기원인 것 같다.

그러나 이 에피메니데스의 말은 이율배반이라고는 할 수 없다. 왜냐하면 에피메니데스의 말이 정말이라 하여 보면 크레타인은 누구라도 거짓말쟁이이므로 크레타인인 에피메니데스도 거짓말쟁이가 된다. 그러면 에피메니데스가 말한 지금의 말도 거짓말이지 않으면 안된다. 즉 에피메니데스의 말이 정말이라고 하면 그 말이 거짓말이라는 것이 되어 버렸다. 이것은 불합리하다.

그런데 에피메니데스의 말이 거짓말이었다고 하면 '크레타인은 모두 거짓말쟁이다'라는 주장이 거짓말이므로 '크레타인 속에 거짓말쟁이가 아닌 사람이 있다'라는 것이 된다. 이 경우 크레타인 속에 에피메니데스라는 거짓말쟁이가 있었다 해도 아무것도 모순은 생기지 않는다. 결국 이 에피메니데스의 말은 거짓말이라는 것이 성립될 뿐이어서 거기에서 이율배반은 생기지 않는다.

마찬가지로 미다 씨의 수기 속에 있는 변소의 낙서의 패러독스는 홀수개의 문장의 경우에 확장된다. 즉 i가 1에서 $2n$까지의 문장 P_i는

P_{i+1}은 거짓말이다

라는 문장이고 문장 P_{2n+1}만은

P_1은 거짓말이다

라 해두면 마찬가지로 이율배반이 되어 버린다.

겉과 안의 구별이 되어 있는 1매의 종이가 있는 것으로 하고 그 겉에는

안에 적혀 있는 것은 거짓말이다

라 적혀 있고 안에는

겉에 적혀 있는 것은 정말이다

라 적혀 있다 하면 역시 이율배반이 된다. 일반적으로 i가 1에서

$2n-1$까지의 문장 P_i는

　P_{i+1}은 거짓말이다

라는 문장이고 문장 P_{2n}만은

　P_1은 정말이다

라 해두면 마찬가지로 이율배반이 되는 것을 쉽게 확인할 수 있다.

> 이 테 안의 문장은 거짓말이다

라고 적혀 있는 경우 이 테 안의 문장을 P라 하면 이 P는

　P는 거짓말이다

라는 내용을 나타내게 되어 최초의 거짓말쟁이의 패러독스와 마찬가지로 이율배반이 된다. 이 문장 P 자신 속에 P가 포함되어 있으므로 자기언급문(自己言及文)이라 일컫는다. 앞에서의 변소의 낙서의 패러독스나 종이의 표리의 패러독스 등도 몇 개의 문장을 전체로 하여 보면 확실히 자기언급문이다. 자기언급문은 역설적으로 되기 쉬우므로 주의할 필요가 있다.

물론 자기언급문이라 하여 항상 역설적이 된다고는 말할 수 없다. 예컨대

　이 문장은 평서문(平敍文)이다

는 자기언급문이지만 옳은 문장이다. 이에 반해서

　이 문장은 평서문이 아니다

는 역설적이다. 왜냐하면 옳다고 하면 이 문장은 평서문이 아닌 것이 되지만 실은 이 문장은 확실히 평서문이므로 모순이다. 자기모순적이다라는 의미에서 역설적이다라고 하는 것이다. 그러나 이 문장을 옳지 않다고 하면 아무것도 이상한 부분은 생기지 않

후지 산타로

사토 산페이

사토 산페이「후지 산타로」
(79. 4. 10. 아사히 신문 게재)

는다. 말하자면 이 문장은 거짓말이었다는 것뿐이고 아무런 별다를 것이 없는 것이다. 이것은 앞에서의 에피메니데스의 패러독스와 같은 것이어서 이율배반으로는 되어 있지 않다. 여기서는 이율배반으로는 되어 있지 않지만 역설적인 자기언급문도 들어두자(사실은 '정말과 같은 거짓말'의 '자기모순'의 항에라도 포함시켜 두어야 할 내용이지만).

'예외가 없는 법칙은 없다'
라는 법칙은 정말일까. 만일 정말이라고 하면 이 문장이 표현하고 있는 내용 자체가 하나의 법칙을 나타내고 있으므로 이 법칙에도 예외가 있는 것으로 되어 '예외 없는 법칙도 있다'라는 것이 될 것이다. 그러나 이 문장이 옳지 않다고 할 경우 아무런 모순도 생기지 않으므로 이율배반이 아니다.

『무제(無題)』
라는 제명의 책이 있었다 하자(상세히는 '이 책의 제명은 붙어 있지 않다'라는 명제가 제명이라고 생각하면 된다). 이 경우는 이율배반이 되는 것처럼 생각된다. 만일 '제명이 없다'라 한다면 실제로 '무제'라는 제명이 붙어 있는 것과 모순된다. 또 '제명이 있다'라 하면 그것은 '무제'라는 제명이므로 제명이 붙어 있지 않음을 의미하여 역시 모순이 된다.

이 책 속에서 여러 번 인용하고 있는 스마리안의

『이 책의 제명은?』

이라는 책의 제명은 이것과 동일 경향의 것이라 할 수 있지만 이것은 패러독스는 아니다. 본인이 '제명은 무엇일까?'라 생각하고 있는 동안은 제명은 무언지 모르지만 제명이 무엇인지 알아 버리면 그것은 의문문이 아니고 하나의 제명으로 되어 버린다는 부류의 것이다.

'웃지 말 것[6]'

'읽지 말 것'

등의 항목은 얼마간 남의 눈을 끌기 위해 붙인 것인데 웃어 준다면 또 읽어 준다면 확실히 지은이의 명령에 따르지 않은 것이 된다(실은 이 부분에 관해서는 명령에 따라 주지 않을 것을 지은이는 바라고 있는 것이다. 따를 수 없는 것을 희망하는 명령이란 명령의 정의에 반하고 극히 역설적이다). 만일 웃지 않거나 읽지 않거나 하였을 경우 지은이의 마음 속의 희망에는 부응하지 못하였다 하더라도 아무런 모순은 생기지 않는다. 그러나

『사지 말 것!』

이라고 적힌 제명의 책은 사보고 싶어지는 것이 인지상정일지도 모른다. 언젠가

'세계 제일의 맛없는 가게'

라는 간판을 내건 라면집이 북새통을 이루는 대성황이었다는 이

야기를 들은 일이 있다. 인간의 마음 깊숙한 곳에는 패러독스를 좋아하는 마음이 잠재해 있다는 것을 보이는 좋은 예일 것이다.

에도 시대의 우스개 이야기를 하나 들어 두자.

「"이봐, 해마다 이야기책이 나오지 않나?" "응, 나도 한 권 써 두었는데 엄청 재미있는 이야기가 있지." "그것은 어떠한 책인가? 잠시 보여주게." "이 책이야. 어때, 괜찮을걸." "뭐, 어쩐지 하나도 익살스럽게 맺어지지 않았는데 빠뜨리고 쓴 것은 아닌가?" "아닐세, 거기가 만담인 것이네."」

마지막으로 아사히 신문의 독자 투고란 「광장」에 나온 우스개 이야기를 들어 두자.

「나의 본가가 있는 지역은 자치회 활동이 활발하여 3일이 멀다 하고 회람판이 돌아옵니다. 그러는 동안 적을 것이 없어지는 것은 아닌지라고 생각하고 있었더니 이러한 것이 돌아왔습니다. '회람판을 빨리 돌립시다'」

「시청의 자동차를 타고 온 사나이가 전주에 붙인 벽보를 떼어내고 솔로 깨끗이 닦고 갔습니다. 나중에 보니까 그 전주에 '벽보를 붙이지 않은 깨끗한 거리 만들기'라는 스티커가 붙어 있었습니다.」

〈주〉
 (1) 스마리안 『이 책의 제명은?』
 (2) 다나카 미치타로 『소피스트』(고단샤 학술문고)
 (3) 호이징거 『호모 루덴스』(다카하시 히데오 옮김, 쥬오공론사)
 (4) 크세노폰 『소크라테스의 회상』(사사키 리 옮김, 이와나미 문고)

(5) 금세기 초엽 활약한 영국의 작가로 『브라운 신부』라는 추리소설로 유명하다. 여기서 인용한 단편은 『폰드 씨의 역설』 안에 수록되어 있다.
(6) 쓰쓰이 야스다카의 쇼트·쇼트집에 『웃지 말 것』이라는 책이 있고 그 안에 「웃지 말 것」이라는 제명의 단편도 있다.

제3부

읽지 말 것 ― 수학과 패러독스

미다 씨의 수기 안에도 무한의 패러독스나 거짓말쟁이의 패러독스 등이 나와 있었으나 여기서는 그것들과 얽힌 패러독스와 수학과의 연관을 조금 더 상세히 언급해 보기로 하자.

19세기 말경 독일의 수학자 칸토어는 무한에 대한 깊은 성찰(省察)로 무한집합에 대해 얼핏 보기에 패러독시칼한 결과를 많이 발표했다. 먼저 그것들에 대한 결과를 몇 가지 소개한다.

1 대 1의 대응

어떤 물건의 집합이 2개 있을 때 이들 2개의 집합에 포함되어 있는 물건의 개수의 대소를 비교하려면 어떻게 하면 되는 것일까. 예컨대 어떤 교실에 어린이들이 몇 명인가 있고 1인용 의자가 몇 갠가 있다. 그것들의 수의 대소를 비교하는데 어린이의 인원수와 의자의 개수를 각각 세어 보아도 되는 것은 확실하지만 더 좋은 방법이 있다. 어린이들에게 한 사람이 하나씩의 의자에 앉으라고 말하면 된다. 만일 전원이 앉았는데도 의자가 남아 있으면 의자가 많고 의자는 전부 차지하였는데 앉지 못하고 서 있는 어린이가 있으면 어린이가 많다. 전원 앉을 수 있고 의자도 남아 있지 않으면 어린이의 인원수와 의자의 개수는 똑같다. 이 마지막의 경우를 어린이와 의자는 (과부족 없이) 1대 1 대응하고 있다 한다.

전체는 부분보다 작지 않다

이러한 것으로부터 전체가 그 일부분과 똑같다는 패러독시칼한 결과가 나온다. 그리스 시대부터

전체는 부분보다 크다

라고 생각되어 왔으나 무한개의 집합의 경우 자연수와 짝수와의 예처럼 전체가 그 일부분과 1대 1로 대응하고 있는 것 같은 일도 있기 때문에 그리스 이래의 이 명제는

전체는 부분보다 작지 않다

라 바꿔 적어야 할 것이다. 오히려 전체가 그 일부분과 똑같아지는 것이 무한집합의 특징이기 때문에 이러한 것을 사용하여 **무한의 정의**로 할 수도 있다. '무한집합이란 그 일부분과 1대 1로 대응이 붙는 집합을 말하고 유한집합이란 어떻게 하여도 그 일부분과 1대 1로 대응을 붙일 수 없는 집합을 말한다'

미다 씨의 수기 속에 삼각형의 밑변 BC와 중점을 연결한 선분 MN과는 1대 1로 대응하고 있다라는 이야기가 나와 있었으나 M이나 N은 중점일 필요는 없고 선분 MN이 얼마만큼 짧은 선분이었다 하여도 밑변 BC와 1대 1로 대응한다. 거듭 0과 1 사이의 임의의 실수 x에 $\tan\left(x-\frac{1}{2}\right)\pi$가 되는 실수를 대응시키면 1밀리미터의 선분 속의 점의 개수는 무한으로 긴 직선에 포함되어 있는 점의 개수와 똑같다고 하는 정말 패러독시칼한 결과가 나온다. 실은 그것만은 아니다.

선분과 전우주 공간

'1밀리미터의 선분에 포함되어 있는 점의 개수는 전평면 아니 전우주 공간 속에 포함되어 있는 점의 개수와 똑같다'라는 뜻밖인 결과가 얻어진다. 그 이유를 대충 말하면 다음과 같이 된다. 0과 1 사이의 임의의 실수를 소수(小數)로 표기해서 $0.a_1a_2a_3\cdots\cdots$였다 하고 그 실수에 점$(0.a_1a_3\cdots\cdots, 0.a_2a_4\cdots\cdots)$을 대응시키

면 1밀리미터의 선분의 점과 1제곱밀리미터의 정사각형의 점과는 1대 1로 대응함을 알 수 있다. 소수점 이하의 숫자를 3개 간격으로 잡으면 1밀리미터의 선분과 1세제곱밀리미터의 정육면체와는 1대 1로 대응하는 것도 성립한다. 이들 각 좌표는 임의의 실수값과 대응시킬 수 있는 것이므로 1밀리미터의 선분의 점은 전평면, 거듭 전우주 공간 내의 점과 1대 1로 대응지워짐을 알 수 있을 것이다.

유리수 전체와 실수 전체

거듭 칸토어는

'자연수 전체의 집합은 유리수 전체의 집합과 1대 1로 대응한다'

라는 결과도 얻고 있다. 이 결과를 듣고 상당히 이상하게 느낄지도 모른다. 왜냐하면 자연수는 1, 2, 3……으로 뿔뿔이 건너뛴 수의 집합인 것에 반해서 유리수 쪽은 어떤 2개의 유리수의 사이에도 다른 유리수가 있다고 할 만큼 빽빽이 채워진 상당히 수많은 집합이라고 생각할 수 있기 때문이다.

빽빽이 채워진 유리수 전체가 뿔뿔이인 자연수 전체와 1대 1로 대응하고 있는 부분을 보면 어떠한 무한도 자연수 전체와 1대 1로 대응하고 있는 것은 아닐까―무한은 자연수와 1대 1 대응이 붙는 것 하나만은 아닐까―라고 생각하고 싶어지기도 한다. 그런데 그렇게는 되지 않는다. 칸토어는 실수 전체는 자연수 전체와 1대 1로 대응하지 않음을 증명하였다.

칸토어의 정리

유리수 전체의 집합은 자연수 전체의 집합과 같은 타입의 무한이지만 실수 전체의 집합은 자연수 전체의 집합보다도 압도적으로 많은 무한으로 되어 있었다. 그러면 무한에는 얼마만큼의 타입의 것이 있는 것일까. 실은 얼마든지 많은 타입의 무한집합이 있음을 알고 있다. 그것을 보여주는 것은 다음의 칸토어의 정리이다.

칸토어
(1845~1918)

'임의의 집합은 그 부분집합 전체와 1대 1로 대응하지 않는다'

이 칸토어의 정리를 스마리안은 재미있는 퍼즐의 문제의 형태로 개조하고 있으므로 그것을 소개한다[1].

어떤 나라에서 그 곳의 주민으로 구성되는 어떠한 집합도(공집합도 포함하여) 각각 클럽을 만들고 있는 것으로 한다. 각각의 클럽에는 클럽명으로서 단지 한 사람의 주민의 이름을 붙이고 다른 클럽에는 다른 주민의 이름을 붙이도록 하고 싶다. 과연 이러한 것은 가능한 것일까.

어느 클럽에도 다른 주민의 이름이 하나씩 붙어 있는 것이라 하자. 자기의 이름이 붙은 클럽에 소속하고 있는 주민을 사교적이라 하고 그렇지 않은 주민을 비사교적이라 부르기로 한다. 비사교적인 주민만을 전부 모은 집합 C는 하나의 클럽을 만들고 있고 그 클럽에 P라는 주민의 이름이 붙어 있는 것으로 한다.

주민 P는 사교적일까. 만일 사교적이라 하면 P는 자기의 이름이 붙은 클럽 C에 속하고 있을 것이다. 그런데 C는 비사교적인 주민만을 모은 것이기 때문에 P는 비사교적으로 돼버린다.

역으로 P가 비사교적이라고 해보면 P는 비사교적인 주민만을 모은 클럽 C에 속하고 있다. 그런데 C에는 P의 이름이 붙어 있는 것이므로 P는 사교적이 아니면 안된다.

아무튼 모순이 생기므로 결국 어느 클럽에도 다른 주민의 이름이 붙어 있다고 생각한 가장 처음의 가정이 잘못되어 있었던 것이 된다. 즉 모든 클럽에 다른 주민의 이름을 붙이는 것은 불가능하다.

이 퍼즐은 칸토어의 정리를 손질한 것이라는 것을 바로 이해할 수 있을 것이다.

이 스마리안에 따른 바꿔쓰기의 예는 실질적으로 말해서 완전히 같은 수학적 내용도 일상적인 현상이나 일상의 말로서 고쳐 번역하면 친밀감을 갖기 쉬워짐을 보이고 있다. 그러나 증명까지도 모두 일상의 말에 의존하려 하면 극히 번잡해져서 오히려 알기 어려워진다. 스마리안의 예도 기호화해 보면 극히 표현이 간명하고 말쑥하여 결국은 칸토어의 정리의 증명과 아무런 차이가 없다는 것도 이해될 것이다.

러셀의 패러독스

그런데 러셀은 아마 이 칸토어의 정리의 증명을 모방하여 다음과 같은 러셀의 패러독스를 생각한 것일 것이다.

자기자신을 요소로서 안에 포함하는 집합을 **제1종의 집합**이라 하기로 하고 그렇지 않은 집합을 **제2종의 집합**이라 하기로 한다. 여기서 제2종의 집합만을 모은 집합 S를 생각한다. 이 S는 제1종일까, 제2종일까.

S가 제1종이라 하면 S는 S 자신의 요소로 되어 있다. 그런데

제3부 읽지 말 것 — 수학과 패러독스 235

S는 제2종의 집합만을 모은 것이기 때문에 그 요소인 S는 제2종이 아니면 안된다.
역으로 S가 제2종이었다고 하면 S는 제2종의 집합만을 모은 집합 S의 요소이다.
즉 S는 S 자신의 요소이므로 S는 제1종이 아니면 안된다.

러셀
(1872~1970)

아무튼 모순이 생긴다. 이 경우 칸토어의 정리의 증명 때처럼 불합리가 생긴 원인으로 되는 가정이 아무것도 발견되지 않는다. 즉 어찌 할 방법이 없는 패러독스가 생겼다고 생각할 수 있다.

패러독스의 배제

온갖 학문 중에서 가장 논리적으로 엄정하다고 생각되는 수학 속에서 패러독스가 발생할 것이라고는 꿈에도 생각할 수 없었던 것이기 때문에 많은 수학자나 철학자들에게 적지 않은 충격을 주었다. 예컨대 수학적 논리학의 건설자의 한 사람인 프레게[2]는 이 러셀의 패러독스의 출현에 대단한 충격을 받고 수학의 기초 부여를 하려고 생각하고 있던 저서 『대수의 기초』의 제2권의 발행을 중지할 정도였다.

집합론 속에 생긴 패러독스에 대해서 수학자가 취한 입장을 크게 둘로 나눌 수 있다. 하나는 이러한 패러독스의 출현을 그다지 신경질적으로 받아들이지 않고 패러독스가 생길 것 같은 논법만을 회피하여 지나가기로 한 보통의 수학자들이 취한 입장이다. 패러독스가 나타날 것 같은 집합의 경우 어느 것도 보통 수학 속에서 사용되고 있는 집합과는 상이하고 게다가 어느 것도 터무니

없이 큰 집합뿐이다. 따라서 생각할 수 있는 집합에 어떤 일정한 제한을 설정하기로 하면 기성의 패러독스는 모두 배제할 수 있을 것이다. 이러한 생각에 따라서 건설된 것이 공리적(公理的) 집합론—체르멜로·프렌켈에 의한 체계 ZF나 베르나이스·괴델에 의한 체계 BG 등—이다.

또 하나의 입장은 위와 같은 임시 방편의 패러독스의 배제가 아니고 금후에도 어떠한 패러독스도 생길 수 없는 것 같은 보증이 있는 수학 체계를 얻으려고 하는 입장이다. 이 입장은 크게 나누어서 논리주의, 직관주의, 형식주의의 세 가지가 된다.

논리주의

논리주의란 수학을 논리학의 하나의 분과(分科)로 간주하는 입장으로 영국의 러셀이 그 대표자이다. 그 입장은 수학상의 여러 개념을 모두 논리적인 개념만에 의해서 정의하고 수학의 여러 정리는 모두 논리적인 공리로부터 논리적 추론 규칙만을 사용해서 연역(演繹)되는 것 같은 체계를 구성하는 것이었다. 이 견해에 따르면 논리학과 수학의 사이에는 분명한 경계선을 그을 수는 없고 '논리학은 수학의 청년 시대이고 수학은 논리학의 장년 시대이다'라는 것이 된다.

이러한 입장에 서서 수학을 구성함에 즈음하여 러셀은 다음과 같이 생각하였다. 일상 사용하고 있는 말은 오류를 초래하기 쉬운 것이기 때문에 논리학=수학에서 사용하는 데에는 그것은 부적당하다. 그 때문에 기호가 절대로 필요해진다. 즉 수학을 기호 논리로서 구성하게 된다.

러셀의 이 시도가 이상적으로 행하여졌다고 하면 그 체계로부터 이미 패러독스는 생기지 않을 것이다. 왜냐하면 논리학은 어떠한 것, 어떠한 성질에 대해서도 항상 성립하는 형식을 취급하는 것이므로 거기에 패러독스가 나타날 리가 없기 때문이다.

그런데 논리적인 공리라고는 말할 수 없는 '무한집합의 존재를 보증하는 공리'를 채용하지 않는 한 실수를 포함한 수학 이론은 건설할 수 없는 것이 명확히 되어 러셀은 본의 아니게 이 '무한공리'를 채용하였다. 이러한 것은 수학을 논리학 속에 해소하려고 하는 당초의 목적을 버린 것이 되고 따라서 '무한공리'를 포함한 러셀의 체계로부터는 패러독스가 생길 수 없다는 보증조차 얻어져 있지 않은 것이다.

논리주의의 공적으로서 잊어서 아니되는 것은 **형(型)의 이론**이다. 러셀은 먼저 출발점으로서 개개의 물건을 생각하고 이들 개개의 물건의 집합을 1형의 집합이라 불러서 개개의 물건과 엄격히 구별을 한다. 다음으로 1형의 집합만을 요소로 하는 집합을 2형의 집합이라 한다. 일반적으로 유한의 자연수 n에 대해서 n형의 집합만을 요소로 하는 집합을 $n+1$형의 집합이라 부른다. 따라서 n형의 집합의 요소가 될 수 있는 것은 $n-1$형의 집합이 아니면 안된다. 그런데 러셀의 패러독스 등에서는 $x \in x$나 $x \notin x$를 생각하고 있고 집합과 그 요소와의 사이에 지켜져 있지 않으면 안되는 형의 구별을 무시하고 있다. 즉 패러독스가 생긴 것은 이러한 언어의 사용 규칙(문법)을 무시했기 때문이다. 즉 형의 이론에 의한 문법을 지키기만 하면 지금까지 수학 속에 생긴 러셀이나 칸토어의 패러독스 등 — 이것들은 **논리적 패러독스**라 일컬어진다 — 을 배제할 수 있다.

또 수학 이외의 곳에서 생긴 거짓말쟁이의 패러독스 등 — 이것들은 의미론적 패러독스라 일컫는다-도 배제하려면 집합에 형의 구별을 설정한 것과 마찬가지로 언어에 레벨의 구별을 설정함으로써 하는 것이다. 즉 사실에 대한 명제를 1레벨의 명제라 하고 일반적으로 n레벨의 명제 P에 대한 명제(예컨대 P의 진위에 대한 명제)는 레벨이 $n+1$이라고 하는 것이다. 그러면

　　내가 지금 말하고 있는 것은 거짓말이다

라는 명제를 P라 하면 이 문장은

　　P는 거짓말이다

라 적을 수 있는 것처럼 생각할 수 있다. 그런데 P가 n레벨의 명제라 하면 'P는 거짓말이다'라는 명제는 $n+1$레벨의 명제이어서 같은 P에 의해서는 표현할 수 없을 것이다. 즉 'P는 거짓말이다'를 P라 생각하는 것에는 언어의 레벨의 혼동이 있다.

그러나 이러한 의미론적 패러독스도 취급하려고 하면 자연히 흥미는 수학에서 떠나 철학의 문제로 중심이 옮겨져 버린다. 이 때문에 논리주의는 철학의 그룹인 논리실증주의로 인계되어 갔다. 수학적으로는 거의 형식주의 속으로 흡수되어 갔다고 볼 수 있기 때문에 현재 이 논리주의 자체에 관심을 갖는 수학자는 적어진 것 같다.

직관주의

직관주의란 어떠한 대상도 그것을 구성하는 수단이 구체적으로 주어져 있지 않는 한 수학적 대상으로는 될 수 없다는 입장이고 그 대표자는 네덜란드의 브로우베르이다. 그에 따르면 우리들의 사고 중의 정확한 부분이 수학이고 어떠한 학문도 정확한 사고를 포함하고 있는 한 수학을 포함하고 있다고 생각된다. 따라

서 어떠한 학문도 철학 또는 논리학조차도 수학의 기초로서 가정할 수는 없다. 이러한 의미에서 수학에는 그 밖에 그것의 가정이 되어야 할 과학이 없으므로 수학의 개념 구성이나 그것의 증명의 근거를 주는 것으로서는 '직관' 이외에는 없다.

브로우베르
(1881~1966)

브로우베르는 수학에서의 근원적 직관으로서 '2·1의 직관(two-oneness의 직관)'을 채택하고 있다. 이 2·1의 직관은 이미 얻어져 있는 자연수에 1을 더함으로써 새로운 자연수를 만든다는 생성 원리의 근본이 되는 직관이어서 이 직관에 의해서 1이나 2뿐 아니고 온갖 자연수나 유리수도 구성할 수 있다. 거듭 개개의 실수도 유리수에 의해서 얼마든지 정밀하게 근사시킬 수 있는 것으로서 생각할 수 있다. 즉 개개의 자연수나 실수는 사고할 수 있어도 자연수 전체, 실수 전체 등을 만들어 내는 생성 원리는 없기 때문에 그것들은 수학의 대상으로는 될 수 없다라 하고 있다.

브로우베르는 논리주의자나 형식주의자처럼 수학적 진리나 수학적 대상이 수학을 생각하는 인간과는 독립적으로 존재하고 게다가 내용이 없는 형식적 학문으로서 수학을 생각하지 아니하고 산 인간의 정밀한 사고 활동 그 자체가 수학이라고 주장하고 있다. 따라서 수학은 한 사람, 한 사람의 수학자의 마음 속 이외에는 정밀성을 유지할 수 없는 것이어서 수학자 서로의 정보 교환의 도구로서의 기호나 언어를 완전히 애매함이 없는 형식으로 하려고 바라는 것은 공상에 불과하다고조차 언급하고 있다.

직관주의의 공적은 이러한 근원적 직관으로부터 수학을 구성적으로 게다가 산 인간의 정신과의 관계 속에서 쌓아 올려 보여준 부분에도 있다. 그러나 그것 이상으로 비구성적인 대상을 안이하게 인정해온 이제까지의 수학에 대해서 날카로운 비판을 한 점에 있다 할 수 있을 것이다. 예컨대 자연수 전체라든가 실수 전체라 하는 것 같은 무한집합이 마치 강압적으로 주어져 있다고 생각하는 종전의 무한관에 반해서 무한이란 인간이 생성하는 프로세스 속에 있다 하여 파악하는 것이 브로우베르의 입장이다. 즉 수학을 신의 세계에서 인간의 세계로 되돌려주었다고도 할 수 있을 것이다.

또 하나는 종전의 존재증명에 대한 엄격한 비판이다. 예컨대 수학 속에서 '어떤 성질을 충족하는 x가 있다'는 것을 증명할 때 '이러한 x가 없다고 가정하면 모순이 생기는' 것을 증명하고 따라서 '이러한 x가 있어야 할 것이다'라고 하는 간접증명—배리법에 의한 증명—이 채용되는 일이 있다. 브로우베르는 이러한 간접증명에 의해서는 기껏해야 '이러한 x가 없다고 생각하는 것은 잘못이다'라는 것이 성립하고 있는 것에 불과하다고 주장한다. 이러한 x를 실제로 구성해서 눈앞에 만들어 보여주지 않는 한 x의 존재를 인정하지 않는다는 입장을 취하고 있다. 이러한 의미에서라면 직관주의에서는 '이중부정은 반드시 긍정과는 일치하지 않는다'라고 생각하고 있는 것이다.

직관주의에서는 '명제 P가 옳다는 것이 확인되어 있는' 또는 'P가 옳다는 것을 보이기 위한 유한적 수단이 있는' 때만 'P이다'라는 것을 주장할 수 있다고 생각하고 있다. 'P이거나 Q다'라는 명제라 해도 'P가 옳다는 것이 확인되어 있든가, Q가 옳다는 것이 확인되어 있든가의 어느쪽인가'일 때만 옳은 것이다. 이러한

입장에 서면 배중률—임의의 명제는 성립하든가 성립하지 않든가의 어느쪽이다—조차 일반적으로는 성립하지 않는다. 예컨대 'π은 유리수이다'라는 명제가 옳다는 것의 확인도, 그 부정명제 'π은 무리수이다'가 옳다는 것의 확인도 현재 되고 있지 않다. 따라서 배중률은 반드시 성립하고 있는 것은 아니라는 것을 알 수 있다.

직관주의에서는 직관에 의해서 파악된 극히 명료한 사항만을 출발점으로 하고 나머지는 그것들에 의해서 직접 구성된 것만이 수학의 대상이 되는 것이므로 그 속에는 모순은 생기지 않을 것이다라는 것에 대해서 누구도 의심하는 자는 없다. 반면 친숙하여온 수학 중 매우 많은 부분(예컨대 배리법에 의한 증명 등)을 정정하지 않으면 안되는 것이 되고 수학을 매우 좁은 범위로 만들어 버리는 치명적인 결점을 이 직관주의는 가지고 있다.

형식주의

형식주의의 대표자는 독일의 힐베르트이다. 그는 먼저 논리주의자가 논리도 포함한 수학을 공리적으로 건설하려고 한 것과 같은 입장에 서기로 하였다. 그러나 논리주의에서는 모순을 포함하지 않는 수학 체계를 만들기 위해 순수하게 논리적인 개념만을 토대로 하려고 의도하였으나 결과는

힐베르트
(1862~1942)

반드시 논리적이라고는 단정할 수 없는 무한공리 등을 기초로 두지 않을 수 없었다. 그런데 힐베르트는 이러한 무한공리도 적극적으로 공리로서 채용한 것이다. 어떠한 공리를 채용하든 그 공리계가 모순만 포함하고 있지 않으면 그것으로 좋을 것이라고 생각한 것이다. 즉 하나의 공리계를 채용한 경우 그 공리계가 모순을 포함하지 않는다는 증명—**무모순성의 증명**—이 힐베르트의 주요 테마가 된다.

이 힐베르트의 구상이 실현되면 논리주의처럼 모순이 나타날지도 모르는 불만족스러운 공리계가 아니고 앞으로 절대로 모순이 일어날 수 없는 것까지의 보증이 있는 것이므로 당연히 안심이 될 것이다. 또 직관주의처럼 모순을 두려워한 나머지 수학을 극단적으로 좁은 것으로 만들어 버리는 우(愚)를 범하지 않아도 된다. 즉 현재 수학자가 생각하고 있는 수학 그 자체를 충실히 공리화하여 그 공리계가 모순을 갖고 있지 않음을 증명하기만 하면 되기 때문이다.

그런데 이 힐베르트의 구상에 대하여 브로우베르는 다음과 같은 의문을 던졌다. '논리도 포함한 수학의 공리계가 모순을 갖지

않는다는 것을 증명한다고 하지만 그 증명에 사용되고 있는 논리에 모순이 없다는 것에 대한 보증은 어디에 있는가'하는 이 의문에 대해서 힐베르트는 다음과 같이 생각하였다.

형식화된 공리적 수학의 체계에 대해서 연구하는 학문—공리계가 모순을 갖고 있는지 어떤지 등을 연구하는 학문—을 초수학(超數學)이라 하기로 한다. 이 초수학 안에서 사용되는 논법은 모순이 나타날 염려가 전혀 없는 구성적이고 게다가 유한적인 입장—유한의 입장—에 서서 추론을 진행시키는 것으로 하면 될 것이다라는 것이다. 그렇게 하면 공리계의 무모순성을 증명하기 위해 사용되는 논리(초논리)는 절대로 안전한, 모순을 갖지 않은 것이 된다. 이 초수학에서의 유한의 입장은 직관주의가 취하고 있는 입장에 매우 가까운 것으로 오히려 그것보다 엄격하고 좁은 입장이라 할 수 있다.

괴델의 불완전성 정리

거짓말쟁이의 패러독스를 생각해 보기로 하자. 이 패러독스는
$$P \Leftrightarrow P는 거짓말이다$$
라는 내용을 나타내는 명제 P를 생각한 것으로부터 나와 있었다. '정말'이라든가 '거짓말'이라든가는 형식적으로는 규정하기 어려우므로 공리적 수학의 체계를 다루는 경우 '정말' 대신에 '증명가능'을, '거짓말' 대신에 '증명불능'을 채택하기로 한다. 괴델은 어떤 공리계 S 중에서
$$(*) \quad Q \Leftrightarrow Q는 S에서 증명불능이다$$
라는 내용을 나타내는 형식적 명제 Q를 만들어 보인 것이다. 만일 이러한 명제 Q가 있다고 하면 Q는 옳지만 S에서는 증명불능

인 명제이다.

수학을 공리적으로 건설하려 하는 경우 먼저 공리로서는 옳다고 생각되는 내용을 채용할 것이다. 옳다고 생각되는 공리를 출발점으로 하여 옳은 추론에 의하여 얻어지는 성질(정리)은 모두 옳을 것이다. 따라서 '정리는 모두 참'이라 생각됨으로 임의의 명제 X에 대해서

괴델
(1906~1978)

㈏ X가 S에서 증명가능 $\Rightarrow$ X는 참이라는 것이 요구되고 있다고 보아야 할 것이다.

우리들이 생각하고 있는 공리계 S가 이러한 요청 ㈏를 충족하고 있고 ($*$)와 같은 명제 Q가 있었다고 하면 Q는 옳음에도 불구하고 S에서는 증명불능인 명제라는 것이 성립되는 것이다. ($*$)를 충족하는 Q에 대해서 다음의 두 가지 경우를 생각할 수 있다.

㈎ Q가 참인 경우 Q는 S에서 증명불능

㈏ Q가 허위인 경우 Q는 S에서 증명불능은 아니다

앞에서의 요청 ㈏의 대우(對偶)에 따르면 'Q가 허위라면 Q는 S에서 증명불능'이므로 ㈏의 경우는 생각할 수 없다. 따라서 ㈎의 경우만이 성립하고 있으므로 이 Q는 참인데도 S에서는 증명불능인 명제라는 것을 알 수 있다.

이러한 것은 공리적으로 건설된 수학은 항상 불완전하다는 것을 보이고 있다. 왜냐하면 옳다고 생각되는 내용을 모두 완전히 보충하는 것 같은, 즉 참된 명제가 모두 정리로서 증명될 수 있는 공리계가 만들어져서 비로소 그 공리화는 완결되었다고 보아

야 할 것이다. 옳은 것 중 극히 일부분밖에 증명할 수 없는 공리계는 아직 불완전하다고 말할 수 있기 때문이다. 옳은데도 증명불능인 명제 Q가 있다고 하는 것이므로 그 공리계 S는 불완전하다.

이러한 옳은데도 불구하고 S에서 증명불능인 명제 Q가 있는 것이라면 그것을 공리로서 부가해 주면 새로운 공리계 S'에서는 Q는 정리로 되어 버리는 것이기 때문에 불완전하지 않게 되는 것은 아닌가라고 생각하는 사람이 있을지도 모른다. 그러나 괴델의 불완전성 정리는 어떠한 공리계를 채용하든 항상 옳은데도 그 공리계에서 증명할 수 없는 명제가 있음을 보이고 있는 것이다. 따라서 Q를 공리로서 부가한 새로운 공리계 S'에 있어서도 옳은데도 S'에서 증명불능인 명제 Q'가 있다는 것이 성립한다.

자연수론의 무모순성 증명

이 괴델의 불완전성 정리가 발표된 것은 1931년의 일이었다. 이 발견에 따라 힐베르트의 형식주의의 구상은 심한 타격을 받은 것은 확실하다. 즉 이 정리는 '수학 전체를 완전히 다 커버할 수 있는 공리계는 건설할 수 없다'는 것과 '유한의 입장에 서서 무모순성을 증명한다는 것은 매우 곤란하다'는 것을 주장하고 있기 때문이다.

그런데 이 괴델의 논문이 나온 수년 후 같은 독일의 젊은 수학자 겐첸은 자연수론의 무모순성의 증명을 한 것이다. 물론 이 증명은 힐베르트식의 유한의 입장에 선 것이기는 하지만 괴델의 불완전성 정리가 암시하고 있는 것처럼 자연수의 범위내보다도 강한 개념이 이용되고 있다. 즉 유한의 입장에 서서 구성된 ε까지의 초한순서수를 이용함으로써 자연수론의 무모순성의 증명이 이루어지고 있다.

괴델의 불완전성 정리는 힐베르트의 구상의 비관적 측면을 주장하고 있지만 젠첸에 의한 자연수론의 무모순성 증명은 실수론의 무모순성 증명도 불가능하다고는 단정할 수 없다는 희망을 주었다고도 할 수 있다. 그러나 유한의 입장에 서서 실수보다도 강력한 개념을 구성하고 그것을 사용해서 실수론의 무모순성의 증명을 하지 않으면 안된다고 하는 매우 곤란한 무거운 짐을 짊어지게 된 것은 확실하다.

괴델 섬의 주민들

스마리안은 괴델의 불완전성 정리를 괴델 섬의 주민들의 퍼즐로 개변(改變)하고 있으므로 이하 그것을 소개한다.

괴델 섬에는 경찰관과 갱만이 살고 있고 경찰관은 언제나 정말만을 말하지만 갱은 언제나 거짓말을 하는 것으로 한다. 경찰관은 제복을 입은 경찰관과 사복을 입은 경찰관으로 나누어지고 갱도 어떤 유니폼을 입은 제복의 갱과 그 이외의 사복을 입은 갱으로 나누어지는 것으로 한다.

이 섬의 주민들은 각양각색의 클럽을 만들고 있다. 주민은 몇 개의 클럽에 소속돼도 지장 없다. 또 주민 X와 클럽 C가 주어졌을 때 X는 자기가 클럽 C의 회원이라고 주장하든가 또는 클럽 C의 회원이 아니라고 주장하든가의 어느쪽이다.

그런데 괴델섬의 주민과 클럽에 대해서 다음의 네 가지 조건이 충족되어 있다.

(1) 제복의 경찰관 전체로 하나의 클럽을 만들고 있다.

(2) 제복의 갱들도 전체로 하나의 클럽을 만들고 있다.
(3) 몇 사람인가의 주민들이 클럽을 만들고 있다 하면 그 클럽에 속하지 않는 나머지의 주민 전원도 클럽을 만들고 있다.
(4) 어떤 클럽에 대해서도 '나는 그 클럽의 회원이다'라고 주장하는 주민이 반드시 있다(다만 그 주민이 실제로 그 회원일 필요는 없고 물론 회원이라고 해도 지장 없다).

이 괴델 섬에서는 다음의 네 가지 사실이 성립하고 있음을 증명하라는 것이 스마리안의 문제이다.

㈎ 갱 전체는 클럽을 만들고 있지 않다.
㈏ 경찰관 전체도 클럽을 만들고 있지 않다.
㈐ 사복의 갱이 있다.
㈑ 사복의 경찰관도 있다.

이들 문제의 해답을 하여 보자.

㈎ 갱 전체의 집합 G가 클럽을 만들고 있는 것이라 하면 (4)로부터 어떤 주민 X가 있고 X는 '나는 G의 회원이다'라 주장한다. 이것은 '내가 언제나 거짓말을 한다'라고 주장하는 것과 같으므로 모순이다(X가 경찰관이라 하면 '나는 G의 회원이다'라고는 말하지 않고 X가 갱이라 해도 언제나 거짓말을 할 것이므로 '나는 G의 회원이다'라고는 말하지 않을 것이다). 이 모순은 G가 클럽을 만든다고 가정하였기 때문에 생긴 것이다. 그러므로 갱 전체 G는 클럽을 만들지 않는다.

㈏ 경찰관 전체 P가 클럽을 만들고 있다 한다. 그러면 (3)으로부터 P 이외의 주민 즉 갱 전체 G도 클럽을 만드는 것이 된다. 이것은 ㈎의 결론과 모순된다. 그러므로 경찰관 전체 P도 클럽

을 만들지 않는다.

㈐ 사복의 갱이 없다고 하면 갱은 모두 제복을 입고 있는 것이 된다. 즉 제복의 갱 전체는 갱 전체 G와 일치한다. 그런데 (2)로부터 제복의 갱은 클럽을 만들고 있는 것이므로 G가 클럽을 만드는 것이 돼버려 ㈎의 결론과 모순된다. 결국 사복의 갱이 있음을 알 수 있다.

㈑ 사복의 경찰관이 없다고 하면 제복의 경찰관 전체는 경찰관 전체 P와 일치한다. 그런데 (1)로부터 제복의 경찰관 전체는 클럽을 만들고 있으므로 P는 클럽을 만드는 것이 된다. 이것은 ㈏의 결론과 모순된다. 그러므로 사복의 경찰관도 있음을 알 수 있다.

'문장의 책'과 '집합의 책'

이 '괴델 섬'의 퍼즐이 괴델의 불완전성 정리의 내용을 표현하고 있음을 보기 위해서 스마리안은 다음과 같은 '문장의 책'과 '집합의 책'의 이야기를 꺼내고 있다.

어느 논리학자는 '문장의 책'이라는 책을 가지고 있다. 이 책의 페이지는 일련번호가 찍혀 있고 어느 페이지에도 하나의 문장만이 적혀 있으며 어느 문장도 그 1페이지 내에 수록되어 있었다. 임의의 문장 S에 대해서 S가 적혀 있는 페이지의 번호를 S의 페이지 넘버라 한다.

이 책에 나타나는 문장은 어느 것도 참이거나 허위이다. 참의 문장 중의 몇 개는 이 논리학자에게는 전적으로 분명한 내용이기 때문에 그는 그들 분명한 문장을 자기의 논리 체계에서의 공리로서 채용하고 있었다. 이 체계에는 공리로부터 여러 가지 참의 문장을 증명하거나 각양각색의 허위의 문장을 반증(그 문장의 부정을 증명)하거나 할 수 있는 추론 규칙도 포함되어 있다.

이 체계에서 증명할 수 있는 문장은 어느 것도 참이고 반증할 수 있는 문장은 어느 것도 허위임을 알고 있기 때문에(요청 (H)를 충족시키고 있기 때문에) 이 논리학자로서 이 체계는 일단 만족해야 하는 것이었다. 그러나 참인 문장을 모두 증명할 수 있고 허위인 문장은 어느 것도 반증할 수 있다는 의미에서 이 체계가 완전한지 어떤지는 불명이었다.

이 문제에 해결을 부여하기 위해서 이 논리학자는 다음과 같은 '집합의 책'을 만들기로 하였다. 그는 이 '집합의 책'의 각 페이지에 다음의 네 가지의 조건을 충족하는 하나의 '자연수의 집합'—이 집합을 '리스트집합'이라 한다—을 기입하였다.

(1) 모든 증명가능한 문장의 페이지 넘버 전체의 집합은 리스트집합이다.

(2) 모든 반증가능한 문장의 페이지 넘버 전체의 집합은 리스트집합이다.

(3) 임의의 리스트집합을 취하였을 때 그 집합에 포함되어 있지 않은 페이지 넘버 전체도 리스트집합이다.

(4) 임의의 리스트집합 L에 대하여 적당히 어떤 문장 S를 취하면 'S가 참이라는 것과 S의 페이지 넘버가 L에 속해 있다는 것이 동치(同値)가 되도록'할 수 있다.

이 '문장의 책·집합의 책'의 퍼즐과 '괴델 섬'의 퍼즐은 잘 대응하고 있다.

이 대응을 기초로 하면 조건 (1), (2), (3)은 모두 완전히 같은 것이라는 것을 알 수 있을 것이다. (4)에 대해서만 조금 설명해

'괴델 섬'	'문장의 책·집합의 책'
주민	문장의 페이지 넘버
경찰관	참인 문장의 페이지 넘버
갱	허위인 문장의 페이지 넘버
제복의 경찰관	증명가능한 문장의 페이지 넘버
사복의 경찰관	증명불능인 참인 문장의 페이지 넘버
제복의 갱	반증가능한 문장의 페이지 넘버
사복의 갱	반증불능인 허위의 문장의 페이지 넘버
클럽	리스트집합

두자. 그를 위해 미다 씨의 수기 중 유치 군에게 낸 「정직족과 거짓말쟁이족」의 퍼즐의 해설을 보기 바란다.

X가 'A이다'라 주장하는 것은

X가 정직족이다 $\equiv A$

라는 것과 동치였다. 이러한 것을 사용하면 '괴델 섬'의 퍼즐에서의 조건 (4)에서의 주민 X가 '나는 그 클럽 C의 회원이다'라 주장하는 것은

X가 경찰관이다 $\equiv X$는 C의 회원이다

라는 것과 동치가 된다. 따라서 이것을 '문장의 책·집합의 책'의 경우로 번역해 보면

X는 참인 문장의 페이지 넘버다 $\equiv X$는 리스트집합 L에 포함된다

라 된다. 이것이 '문장의 책·집합의 책'의 퍼즐에서의 조건 (4)와 같은 것으로 되어 있다.

결국 '괴델 섬'의 퍼즐과 '문장의 책·집합의 책'의 퍼즐은 완전

히 같은 것이므로 '괴델 섬'에서 증명한 2개의 사실
  사복의 경찰관이 있다
  사복의 갱이 있다
에 대응한 내용
  증명불능이고 참인 문장이 있다
  반증불능이고 허위의 문장이 있다
도 '문장의 책·집합의 책'의 퍼즐에서 증명한 것이 된다. 즉 이 논리학자의 문제—이 체계는 완전한가—는 부정적으로 '완전하지는 않다'라는 형태로 해결된 것으로 된다.
  이것이 괴델의 불완전성 정리 바로 그것을 표현하고 있다는 것은 이미 말할 것까지도 없을 것이다.

〈주〉
  (1) 스마리안 『이 책의 제명은?』
  (2) 19세기 후반에 활약한 독일의 수학자로서 기호논리학의 창시자의 한 사람이다.

후 기

원고를 다 쓰고 보니까 최초의 구상처럼 쓰지 못한 것을 알게 되었다. 예컨대 확률이나 통계의 패러독스를 몇 가지 다룰 작정이었는데 하나도 채택하지 못했다. 또 그리스 시대의 소피스트의 궤변이나 제논의 패러독스 등은 조금 더 상세하게 다룰 예정이었으나 겨우 모양만 갖춘 정도밖에 언급할 수 없었다. 거듭 '거짓말쟁이섬 만유기'라고도 제목을 붙여서 거짓말쟁이의 퍼즐을 많이 채택하려고 생각하였지만 그것도 불충분하게 돼버렸다.

이와 같이 본의 아니게 끝난 부분을 보충하기 위해 참고가 되는 서적을 몇 가지 소개해 두기로 한다.

(1) ノースロップ(松井譯)『ふしぎな数學』(みすず書房) 1963년
(2) ブラヅスほか(筒井ほか譯)『き弁的推論』(東京圖書) 1965년
(3) 浜田義一郎『にっぽん小咄大全』(筑摩書房) 1968년
(4) 中村秀吉『パラドックス』(中公新書) 1972년
(5) 阿刀田高『詭弁の話術』(ワニの本) 1974년
(6) 野崎昭弘『詭弁論理学』(中公新書) 1976년
(7) 増原良彦『あべこべの論理』(日本書籍) 1978년
(8) ヒューズほか (柳瀬譯)『パラドクスの匣』(エピステーメ叢書) 1979년
(9) ガードナー (野崎譯)『ザ・パラドックス・ボックス―逆

説の思考』（別冊サイエンス）1979년
(10) 野崎昭弘『逆說論理学』（中公新書）1980년
(11) 增原良彦『嘘つきの論理』（日本書籍）1980년

이 책의 전반에 걸쳐서 참고가 되는 것은 (4), (6), (8), (9), (10) 등이다. 또 미다 씨의 수기 부분의 보충으로서는 (1), (2)등이 유효할 것이다. 제2부를 집필함에 있어서 자료로서 참고한 것은 (3)이었다. 또 (5), (7), (11)도 크게 참고가 되었다. 또 제3부를 집필하는 데에는

(12) ナーゲルほか（はやし譯）『数学から超数学へ』（白揚社）1968년

(13) ワイルダー（吉田譯）『数学基礎論序說』（培風館） 1969년

등이 참고가 됐다. 그리고 이 책에서 몇 번인가 인용한

(14) 스마리안 『이 책의 제명은 ?』은 매우 흥미있는 책이다. 지금으로서는 일본어 번역판이 나와 있지 않지만 조만간 번역판이 나올 예정이라고 듣고 있다. 제미나르에서 이사카, 미즈가키, 야부자키, 요코야마 등 여러 사람에게 이 스마리안의 책을 읽어 주도록 부탁하였다. 여기에 감사의 뜻을 전한다. 또 오니시 선생에게는 많은 조언을 받았다. 특히 스마리안이 이 책의 말미에서 '미해결의 문제'로서 제기하고 있는 문제를 선생께서는 모두 해결하고 있는데 이 책 안에서 그 내용을 소개할 수 없었던 것은 유감이다.

이 책을 다 쓰고난 다음에 발행된 흥미있는 책 2권을 소개해 둔다.

(15) 內井惣七『いかにして推理・証明するか』（ミネルヴァ書

房) 1981년
(16) 增原良彦 『トリック論理術』（ごま書房）1981년
특히 (15)의 책은 (14)의 좋은 소개로도 되어 있다.

패러독스의 세계
우주 · 역설의 여행 (B467)

인쇄　1990년 8월 15일
7 쇄　2017년 4월 17일

지은이　다무라 사부로
옮긴이　임승원

펴낸이　손영일
편 집　김가영
펴낸곳　전파과학사
주소　서울시 서대문구 증가로18(연희빌딩) 204호
등록　1956. 7. 23. 등록 제10-89호
전화　(02)333-8877(8855)
FAX.　(02)334-8092

홈페이지　www.s-wave.co.kr
E-mail　chonpa2@hanmail.net
공식블로그　http://blog.naver.com/siencia

ISBN 978-89-7044-565-6 (03410)

파본은 구입처에서 교환해 드립니다.
정가는 커버에 표시되어 있습니다.

도서목록

현대과학신서

A1 일반상대론의 물리적 기초
A2 아인슈타인 I
A3 아인슈타인 II
A4 미지의 세계로의 여행
A5 천재의 정신병리
A6 자석 이야기
A7 러더퍼드와 원자의 본질
A9 중력
A10 중국과학의 사상
A11 재미있는 물리실험
A12 물리학이란 무엇인가
A13 불교와 자연과학
A14 대륙은 움직인다
A15 대륙은 살아있다
A16 창조 공학
A17 분자생물학 입문 I
A18 물
A19 재미있는 물리학 I
A20 재미있는 물리학 II
A21 우리가 처음은 아니다
A22 바이러스의 세계
A23 탐구학습 과학실험
A24 과학사의 뒷얘기 I
A25 과학사의 뒷얘기 II
A26 과학사의 뒷얘기 III
A27 과학사의 뒷얘기 IV
A28 공간의 역사
A29 물리학을 뒤흔든 30년
A30 별의 물리
A31 신소재 혁명
A32 현대과학의 기독교적 이해
A33 서양과학사
A34 생명의 뿌리
A35 물리학사
A36 자기개발법
A37 양자전자공학
A38 과학 재능의 교육
A39 마찰 이야기
A40 지질학, 지구사 그리고 인류
A41 레이저 이야기
A42 생명의 기원
A43 공기의 탐구
A44 바이오 센서
A45 동물의 사회행동
A46 아이작 뉴턴
A47 생물학사
A48 레이저와 홀러그라피
A49 처음 3분간
A50 종교와 과학
A51 물리철학
A52 화학과 범죄
A53 수학의 약점
A54 생명이란 무엇인가
A55 양자역학의 세계상
A56 일본인과 근대과학
A57 호르몬
A58 생활 속의 화학
A59 셈과 사람과 컴퓨터
A60 우리가 먹는 화학물질
A61 물리법칙의 특성
A62 진화
A63 아시모프의 천문학 입문
A64 잃어버린 장
A65 별·은하 우주

도서목록
BLUE BACKS

1. 광합성의 세계
2. 원자핵의 세계
3. 맥스웰의 도깨비
4. 원소란 무엇인가
5. 4차원의 세계
6. 우주란 무엇인가
7. 지구란 무엇인가
8. 새로운 생물학(품절)
9. 마이컴의 제작법(절판)
10. 과학사의 새로운 관점
11. 생명의 물리학(품절)
12. 인류가 나타난 날 I (품절)
13. 인류가 나타난 날 II (품절)
14. 잠이란 무엇인가
15. 양자역학의 세계
16. 생명합성에의 길(품절)
17. 상대론적 우주론
18. 신체의 소사전
19. 생명의 탄생(품절)
20. 인간 영양학(절판)
21. 식물의 병(절판)
22. 물성 물리학의 세계
23. 물리학의 재발견〈상〉
24. 생명을 만드는 물질
25. 물이란 무엇인가(품절)
26. 촉매란 무엇인가(품절)
27. 기계의 재발견
28. 공간학에의 초대(품절)
29. 행성과 생명(품절)
30. 구급의학 입문(절판)
31. 물리학의 재발견〈하〉(품절)
32. 열 번째 행성
33. 수의 장난감상자
34. 전파기술에의 초대
35. 유전독물
36. 인터페론이란 무엇인가
37. 쿼크
38. 전파기술입문
39. 유전자에 관한 50가지 기초지식
40. 4차원 문답
41. 과학적 트레이닝(절판)
42. 소립자론의 세계
43. 쉬운 역학 교실(품절)
44. 전자기파란 무엇인가
45. 초광속입자 타키온
46. 파인 세라믹스
47. 아인슈타인의 생애
48. 식물의 섹스
49. 바이오 테크놀러지
50. 새로운 화학
51. 나는 전자이다
52. 분자생물학 입문
53. 유전자가 말하는 생명의 모습
54. 분체의 과학(품절)
55. 섹스 사이언스
56. 교실에서 못 배우는 식물이야기(품절)
57. 화학이 좋아지는 책
58. 유기화학이 좋아지는 책
59. 노화는 왜 일어나는가
60. 리더십의 과학(절판)
61. DNA학 입문
62. 아폴러스
63. 안테나의 과학
64. 방정식의 이해와 해법
65. 단백질이란 무엇인가
66. 자석의 ABC
67. 물리학의 ABC
68. 천체관측 가이드(품절)
69. 노벨상으로 말하는 20세기 물리학
70. 지능이란 무엇인가
71. 과학자와 기독교(품절)
72. 알기 쉬운 양자론
73. 전자기학의 ABC
74. 세포의 사회(품절)
75. 산수 100가지 난문・기문
76. 반물질의 세계(품절)
77. 생체막이란 무엇인가(품절)
78. 빛으로 말하는 현대물리학
79. 소사전・미생물의 수첩(품절)
80. 새로운 유기화학(품절)
81. 중성자 물리의 세계
82. 초고진공이 여는 세계
83. 프랑스 혁명과 수학자들
84. 초전도란 무엇인가
85. 괴담의 과학(품절)
86. 전파란 위험하지 않은가(품절)
87. 과학자는 왜 선취권을 노리는가?
88. 플라스마의 세계
89. 머리가 좋아지는 영양학
90. 수학 질문 상자

91. 컴퓨터 그래픽의 세계
92. 퍼스컴 통계학 입문
93. OS/2로의 초대
94. 분리의 과학
95. 바다 야채
96. 잃어버린 세계·과학의 여행
97. 식물 바이오 테크놀러지
98. 새로운 양자생물학(품절)
99. 꿈의 신소재·기능성 고분자
100. 바이오 테크놀러지 용어사전
101. Quick C 첫걸음
102. 지식공학 입문
103. 퍼스컴으로 즐기는 수학
104. PC통신 입문
105. RNA 이야기
106. 인공지능의 ABC
107. 진화론이 변하고 있다
108. 지구의 수호신·성층권 오존
109. MS-Window란 무엇인가
110. 오답으로부터 배운다
111. PC C언어 입문
112. 시간의 불가사의
113. 뇌사란 무엇인가?
114. 세라믹 센서
115. PC LAN은 무엇인가?
116. 생물물리의 최전선
117. 사람은 방사선에 왜 약한가?
118. 신기한 화학매직
119. 모터를 알기 쉽게 배운다
120. 상대론의 ABC
121. 수학기피증의 진찰실
122. 방사능을 생각한다
123. 조리요령의 과학
124. 앞을 내다보는 통계학
125. 원주율 π의 불가사의
126. 마취의 과학
127. 양자우주를 엿보다
128. 카오스와 프랙털
129. 뇌 100가지 새로운 지식
130. 만화수학 소사전
131. 화학사 상식을 다시보다
132. 17억 년 전의 원자로
133. 다리의 모든 것
134. 식물의 생명상
135. 수학 아직 이러한 것을 모른다
136. 우리 주변의 화학물질
137. 교실에서 가르쳐주지 않는 지구이야기
138. 죽음을 초월하는 마음의 과학
139. 화학 재치문답
140. 공룡은 어떤 생물이었나
141. 시세를 연구한다
142. 스트레스와 면역
143. 나는 효소이다
144. 이기적인 유전자란 무엇인가
145. 인재는 불량사원에서 찾아라
146. 기능성 식품의 경이
147. 바이오 식품의 경이
148. 몸 속의 원소여행
149. 궁극의 가속기 SSC와 21세기 물리학
150. 지구환경의 참과 거짓
151. 중성미자 천문학
152. 제2의 지구란 있는가
153. 아이는 이처럼 지쳐 있다
154. 중국의학에서 본 병 아닌 병
155. 화학이 만든 놀라운 기능재료
156. 수학 퍼즐 랜드
157. PC로 도전하는 원주율
158. 대인 관계의 심리학
159. PC로 즐기는 물리 시뮬레이션
160. 대인관계의 심리학
161. 화학반응은 왜 일어나는가
162. 한방의 과학
163. 초능력과 기의 수수께끼에 도전한다
164. 과학·재미있는 질문 상자
165. 컴퓨터 바이러스
166. 산수 100가지 난문·기문 3
167. 속산 100의 테크닉
168. 에너지로 말하는 현대 물리학
169. 전철 안에서도 할 수 있는 정보처리
170. 슈퍼파워 효소의 경이
171. 화학 오답집
172. 태양전지를 익숙하게 다룬다
173. 무리수의 불가사의
174. 과일의 박물학
175. 응용초전도
176. 무한의 불가사의
177. 전기란 무엇인가
178. 0의 불가사의
179. 솔리톤이란 무엇인가?
180. 여자의 뇌·남자의 뇌
181. 심장병을 예방하자